EUL VERLAG

KLEINE UND MITTLERE UNTERNEHMEN

Herausgegeben von Prof. Dr. Jörn-Axel Meyer, Berlin

Band 9
Michael Rathje
Die betriebliche Altersversorgung in KMU nach Altersvermögensgesetz und Alterseinkünftegesetz
Lohmar – Köln 2007 • 322 S. • € 52,- (D) • ISBN 978-3-89936-569-6

Band 10
Jörn-Axel Meyer, René Schleus und Evamaria Buchhop
Trends in der Beratung von KMU – Eine aktuelle Studie
Lohmar – Köln 2007 • 96 S. • € 33,- (D) • ISBN 978-3-89936-572-6

Band 11
Christian J. Brinkkötter
Rating im Mittelstand – Eine empirische Analyse qualitativer Kriterien
Lohmar – Köln 2007 • 258 S. • € 47,- (D) • ISBN 978-3-89936-598-6

Band 12
Jörn-Axel Meyer, René Schleus und Evamaria Buchhop
Das Allgemeine Gleichbehandlungsgesetz (AGG) in KMU – Studie zu Kenntnissen, Erfahrungen und Erwartungen im Mittelstand
Lohmar – Köln 2007 •160 S. • € 42,- (D) • ISBN 978-3-89936-607-5

Band 13
Jörn-Axel Meyer
Mindestlohn in kleinen und mittleren Unternehmen – Eine betriebswirtschaftliche Analyse
Lohmar – Köln 2008 •106 S. • € 48,- (D) • ISBN 978-3-89936-703-4

Band 14
Jörn-Axel Meyer und Alexander Tirpitz
Betriebliches Gesundheitsmanagement in KMU – Widerstände und deren Überwindung
Lohmar – Köln 2008 • 116 S. • € 42,- (D) • ISBN 978-3-89936-737-9

Band 15
Jörn-Axel Meyer, Alexander Tirpitz und Dietmar Laß
Energie- und Umweltverhalten im Mittelstand
Lohmar – Köln 2009 • 192 S. • € 48,- (D) • ISBN 978-3-89936-763-8

JOSEF EUL VERLAG

Reihe: Kleine und mittlere Unternehmen · Band 15
Herausgegeben von Prof. Dr. Jörn-Axel Meyer, Berlin

Prof. Dr. Jörn-Axel Meyer
Alexander Tirpitz M.A.
Dr. Dietmar Laß

Energie- und Umweltverhalten im Mittelstand

EUL VERLAG

Bibliographische Information der Deutschen Bibliothek

Die Deutsche Bibliothek verzeichnet diese Publikation in der Deutschen Nationalbibliothek; detaillierte bibliographische Daten sind im Internet über <http://dnb.ddb.de> abrufbar.

ISBN 978-3-89936-763-8
1. Auflage Januar 2009

JOSEF EUL VERLAG GmbH
Brandsberg 6
53797 Lohmar
Tel.: 0 22 05 / 90 10 6-6
Fax: 0 22 05 / 90 10 6-88
E-Mail: info@eul-verlag.de
http://www.eul-verlag.de

Bei der Herstellung unserer Bücher möchten wir die Umwelt schonen. Dieses Buch ist daher auf säurefreiem, 100% chlorfrei gebleichtem, alterungsbeständigem Papier nach DIN 6738 gedruckt.

Vorwort

Energie und Umwelt sind seit Jahrzehnten zentrale Themen in der öffentlichen Diskussion und haben mit den rasant steigenden Energiekosten, der sichtbaren Klimaveränderung sowie dem verstärkten politischen Willen zur Reduktion der CO_2-Emissionen erheblich an Bedeutung und Aufmerksamkeit gewonnen. Beide Themen sind dabei untrennbar miteinander verbunden. Das Schlagwort, das seit Jahren die Runde macht, heißt Energie- und Umweltmanagement (EUM).

Für Unternehmen stellt die Einsparung von Energie und damit die Begrenzung und Reduktion der betrieblichen Kosten einen wesentlichen Wettbewerbsfaktor dar.

Denn die Reduktion des CO_2-Ausstoßes wird für die Betriebe in Zukunft nicht nur eine gesellschaftliche Aufgabe bleiben. Vielmehr werden kommende gesetzliche Vorschriften die Unternehmen zwingen ihre Emissionen signifikant zu reduzieren. Ansonsten entstehen zusätzliche Kosten. EUM ist also ein betriebswirtschaftliches und nicht nur moralisches und gesellschaftliches Anliegen für die Unternehmen.

Doch gerade bei KMU erfolgt Energiemanagement i. d. R. kaum strukturiert, Umweltmanagement nur rudimentär oder gar nicht. Nachhaltige und langfristige Planung erfolgt selten, stattdessen dominieren unkoordinierte Einzelmaßnahmen „aus dem Bauch heraus“.

Dazu Abhilfe zu schaffen, hat sich das hier dokumentierte Projekt des Deutschen Instituts für kleine und mittlere Unternehmen e.V. (DIKMU) zum Ziel gesetzt.

Beratungs- und Förderangebote sowie konkrete Hemmnisse und Probleme bei der Umsetzung eines effizienten Energie- und Umweltmanagements in KMU werden im Folgenden identifiziert und bewertet. Eine Expertenbefragung vertieft die Bewertung. Eine umfangreiche Telefonbefragung bei kleinen und mittleren Unternehmen ergänzt das Bild. Mit ihr wurden bisherige und geplante EUM-Maßnahmen sowie Kenntnisse und Forderungen der Unternehmen an Ratgeber, an Politik, Verbände und andere Institutionen erfragt.

Aus allen diesen Erkenntnissen werden für die Unternehmen, die Politik und die Verbände und die Rat gebenden Institutionen praktische Handlungsempfehlungen abgeleitet.

Der GDF SUEZ Energie Deutschland AG (vormals Electrabel Deutschland AG) sei dabei für die fachliche Unterstützung und Begleitung des Projektes herzlich gedankt. Den weiteren Mitarbeitern, insbesondere Herrn Constantin Groll und Herrn Keywan Ghane im Deutschen Institut für kleine und mittlere Unternehmen sei für ihre Zuarbeiten und die unterstützenden Ausführungen gedankt.

Ebenso geht der Dank an die vielen befragten Unternehmen, Verbände und Experten sowie ein weiteres Mal an den Josef Eul Verlag, insbesondere auch Frau Karen Kuhlmann für die jederzeit kompetente und kooperative Betreuung und die große Geduld.

Berlin, im Januar 2009

Univ.-Prof. Dr. Jörn-Axel Meyer
Alexander Tirpitz M.A.
Deutsches Institut für kleine und mittlere Unternehmen e. V.

Dr. Dietmar Laß
GDF SUEZ Energie Deutschland AG

Anmerkung: Wird im Folgenden für jegliche Begriffe und Bezeichnungen die männliche Schreibweise gewählt, so geschieht dies alleine aus Gründen der besseren Lesbarkeit des Textes und soll keine benachteiligende Absicht oder Ausschließung der weiblich Schreibweise begründen.

Inhaltsverzeichnis

Abbildungsverzeichnis

Tabellenverzeichnis

Abkürzungsverzeichnis

Abb.	Abbildung
AbfG	Abfallgesetz
abs.	absolut(e)
AMP	Arbeitgeberverband Mittelständischer Personaldienstleister
Anm.	Anmerkung
ASU	Arbeitsgemeinschaft selbständiger Unternehmer
B.A.U.M.	Bundesdeutscher Arbeitskreis für umweltbewusstes Management e.V.
BAFA	Bundesamt für Wirtschaft und Ausfuhrkontrolle
BAG	Bundesarbeitsgemeinschaft der Mittel- und Großbetriebe des Einzelhandels
BDA	Bundesverband deutscher Arbeitgeberverbände
BDB	Bundesverband Deutscher Banken
BDE	Bundesverband der Deutschen Entsorgungswirtschaft
BDI	Bundesverband der deutschen Industrie
BDWi	Bundesverband Dienstleistungswirtschaft
BEK	Bremer Energie-Konsens GmbH
BGA	Bundesverband des Deutschen Groß- und Außenhandels
BImSchG	Bundsimmissionsschutzgesetz
BITKOM	Bundesverband Informationswirtschaft, Telekommunikation und neue Medien e.V.
BME	Bundesverband Materialwirtschaft, Einkauf und Logistik
BMU	Bundesministerium für Umwelt, Naturschutz und Reaktorsicherheit
BMWi	Bundesministerium für Wirtschaft und Technologie
BSMUGV	Bayerisches Staatsministerium für Umwelt, Gesundheit und Verbraucherschutz

bspw.	Beispielsweise
BuReg	Bundesregierung
BVD	Europaverband der Selbständigen – Bundesverband Deutschland
BVL	Bundesvereinigung Logistik
BW	Baden Württemberg
C.E.D.I.	Europaverband der Selbständigen
CSR	Corporate Social Responsibility
DAU	Deutsche Akkreditierungs- und Zulassungsgesellschaft für Umweltgutachter mbH
DDV	Deutscher Direktmarketing Verband
DEHOGA	Deutscher Hotel- und Gaststättenverband
dena	Deutsche Energie-Agentur GmbH
DIHK	Deutscher Industrie- und Handelskammertag
DIKMU	Deutsches Institut für kleine und mittlere Unternehmen
DMB	Deutscher Mittelstands-Bund
Dr.	Doktor
EBPG	Energiebetriebe-Produkte-Gesetz (Ökodesing-Richtlinie)
EDV	Elektronische Datenverarbeitung
EEG	Gesetz für den Vorrang erneuerbarer Energien
ElektroG	Elektro- und Elektronikgerätegesetz
EMAS	Eco-Managment and Audit-Sheme
EnEG	Energieeinsparungsgesetz
EnEV	Energieeinsparverordnung
ENVHV	Verordnung über Energieverbrauchshöchstwerte von Geräten
EnVKG	Energieverbrauchskennzeichnungsgesetz
EnVKV	Energieverbrauchskennzeichnungsverordnung
ESSM	Energie- und Stromstoffmanagement
et al.	et alii (und andere)

EU	Europäische Union
EUM	Energie- und Umweltmanagement
F&E	Forschung und Entwicklung
f.	und Folgende
ff.	und Fortfolgende
ggfs.	Gegebenenfalls
HDE	Hauptverband des Deutschen Einzelhandels
i. A. a.	in Anlehnung an
i. d. R.	in der Regel
IEKP	Initiative Energie- und Klimaprogramm
IFA	Internationalen Funkausstellung
IfM	Institut für Mittelstandsforschung Bonn
IHK	Industrie- und Handelskammer
IMU	Interessenverband Mittelständischer Unternehmen und Freier Berufe
ISO	International Standard Organisation
IT	Informationstechnologie
k. A.	keine Angaben
KfW	Kreditanstalt für Wiederaufbau
KMU	kleine und mittlere Unternehmen
KrWG	Kreislaufwirtschaftsgesetz
KWK	Kraft-Wärme-Kopplung
MUFV RLP	Ministerium für Umwelt, Forsten und Verbraucherschutz Rheinland-Pfalz
MUNLV NRW	Ministerium für Umwelt und Naturschutz, Landwirtschaft und Verbraucherschutz des Landes Nordrhein-Westfalen
MWME NRW	Ministerium für Wirtschaft, Mittelstand und Energie des Landes Nordrhein-Westfalen
NRW	Nordrhein-Westfalen
o. J.	ohne Jahresangabe

ÖKOPROFIT	Ökologisches Projekt für integrierte Umwelt-Technik
p. a.	per annum
PIK	Potsdamer Institut für Klimafolgenforschung
PIUS	Produktionsintegrierter Umweltschutz
PPP	Public Private Partnership
PWC	PriceWaterhouseCoopers
QuB	Qualitätsverbund umweltbewusster Betriebe
REACH	Registration, Evaluation, Authorisation and Restriction of Chemicals (EU-Verordnung)
rel.	relativ(e)
RKW	Rationalisierungs- und Informationszentrum der Deutschen Wirtschaft
RWE	Rheinisch-Westfälische Energiewerke
s. u., s. o.	siehe unten, siehe oben
Tab.	Tabelle
TEHG	Treibhausgas-Emmissionshandelsgesetz
u. a.	unter anderem
u. E.	unseres Erachtens
u. U.	unter Umständen
UBA	Umweltbundesamt
UM BW	Umweltministerium Baden-Württemberg
UMS	Umweltmanagementsystem
UmweltHG	Umwelthaftungsgesetz
Univ.-Prof.	Universitäts-Professor
USchadG	Umweltschadensgesetz
v. a.	vor allem
VDA	Verband der Automobilindustrie
VerpackV	Verpackungsverordnung
vgl.	Vergleiche
VSE	Vereinigte-Saar-Elektrizitäts-Werke

WHG	Wasserhaushaltsgesetz
WM BW	Wirtschaftsministerium Baden-Württemberg
z. B.	zum Beispiel
ZAB	Zukunftsagentur Brandenburg
ZD	zinsgünstiges Darlehen
ZDH	Zentralverband des deutschen Handwerks
ZS	Zuschuss
ZuG	Zuteilungsgesetz

Teil I – Bestandsaufnahme zum EUM im Mittelstand

1 Anlass und Konzept des Projektes

Kernaussagen dieses Kapitels:

- Globale Themen wie Erderwärmung und Klimawandel zwingen Unternehmen, zu handeln.
- Der Nutzen von Energie- und Umweltmanagement (EUM) für Unternehmen steht außer Zweifel. EUM ist nicht nur aus gesetzlichen Vorschriften und gesellschaftlich-moralischer Verpflichtung heraus für die Unternehmen sinnvoll, sondern bietet auch erhebliche Kosten- und Image- und damit kaufmännische Vorteile, also ökonomische Anreize.
- Das Bewusstsein für Energie- und Umweltthemen im Mittelstand steigt, Energie- und Umweltmanagement wird als wichtig angesehen.
- Allerdings bleibt es bei einfachen Maßnahmen. Durchdachte Managementsysteme werden bislang kaum eingesetzt.
- Die Unternehmen müssen daher für Energie- und Umweltmanagement motiviert und bei der Umsetzung unterstützt werden.
- Es stellen sich die Fragen:
  1. Welche Entwicklungen, insbesondere gesetzliche Vorschriften und Initiativen zwingen die Unternehmen, aktiv zu werden?
  2. Wer unterstützt und in welcher Form die Unternehmen dabei?
  3. Was wissen die Unternehmen von diesen Hilfen und Unterstützungen und welche Sensibilisierung, Bereitschaft und welche Aktivitäten können bereits dort erkannt werden?
- Diese drei Fragen zu beantworten, ist Ziel der Studie.

Notwendigkeit von Energie- und Umweltmanagement in Unternehmen

Energieeffizienz, Umwelt- und Klimaschutz sind Themen, mit denen sich auch kleine und mittlere Unternehmen (KMU) nunmehr verstärkt auseinandersetzen müssen.

Denn die aufkommenden Probleme für das ökologische Gleichgewicht auf der Welt werden kaum mehr bestritten. Im Mittelpunkt stehen dabei die Erwärmung der Erde und deren Folgen für die Ökologie, für die Menschen und letztendlich mit weit reichenden Folgen für die Wirtschaft.

So konstatiert das Potsdamer Institut für Klimafolgenforschung (PIK) (2008): „Gelingt es, die globale Erwärmung auf zwei Grad Celsius zu begrenzen, ließen sich nach heutigem Stand der Forschung die gefährlichsten Folgen des Klimawandels abwenden. (...) Um das Zwei-Grad-Ziel erreichen zu können, muss der Treibhausgasausstoß weltweit bis zur Mitte des 21. Jahrhunderts auf etwa die Hälfte des Niveaus von 1990 gesenkt werden. (...) Die notwendigen Maßnahmen zum Erreichen des Zwei-Grad-Ziels würden die globale Wirtschaftsleistung bis 2100 um insgesamt etwa ein Prozent verringern. Voraussetzung ist, dass technologische und institutionelle Innovationspotenziale voll ausgeschöpft werden. Bei einer durchschnittlichen wirtschaftlichen Wachstumsrate von drei Prozent wäre die Verzögerung des Wirtschaftswachstums am Ende des Jahrhunderts in etwa vier Monaten ausgeglichen."

Nach Claudia Kemfert (2004) vom Deutschen Institut für Wirtschaftsforschung (DIW) kann der Klimawandel bis zum Jahre 2050 globale volkswirtschaftliche Schäden von nahezu 2 Billionen US-Dollar verursachen. Davon entfielen alleine 137 Mrd. US-Dollar auf die Bundesrepublik Deutschland.

In Folge der allgegenwärtigen Präsenz der Klima- und Umweltdiskussion ist offensichtlich, dass in der Gesellschaft zunehmend auch von den Unternehmen ein verantwortungsvolles Handeln gefordert wird, verbunden mit dem Schlagwort Corporate Social Responsibility (CSR). Zunehmend restriktive gesetzliche Vorgaben und Emissionsverordnungen sind da nur ein Abbild der gesellschaftlichen Entwicklung. Sie treffen die Unternehmen, da durch sie Investitionsdruck und zusätzliche Kosten entstehen. Aber zumindest konstante Kosten sind von Bedeutung, um die Wettbewerbsfähigkeit zu erhalten. So wurden jüngst von mehreren Herstellern auf der Internationalen Funkausstellung 2008 (IFA) in Berlin neue Kennzeichnungen zum

Stand-By-Stromverbrauch von elektronischen Geräten und die Erweiterung der Verbrauchskennzeichnung bei Waschmaschinen auf deren Wasserverbrauch bekannt gegeben.

Hinzu treten rasant steigende Kosten für Energie. So benennen 37,6% der mittelständischen Unternehmen die Energiepreise als den zentralen Faktor, für die von ihnen erwartete Verschlechterung der Wirtschaftslage (IfM 2008).

Daher sieht der Bundesminister für Wirtschaft und Technologie, Michael Glos, in Investitionen in Energieeffizienz gerade für KMU einen Weg, die Belastung durch steigende Energiepreise auszugleichen. Die Energiesparpotenziale im Mittelstand seien groß und die Nutzung entsprechender Effizienztechnologien trage zudem zum Klimaschutz bei (BMWi 2008).

Zum betrieblichen Energie- und Umweltmanagement (EUM) zwingen die Unternehmen also nicht nur gesellschaftliche und moralische sondern auch direkte ökonomische Argumente. Somit erhält ein strukturiertes, professionelles Energie- und Umweltmanagement schnell steigende Bedeutung auch für kleine und mittlere Unternehmen (KMU).

Der Bedarf für Energie- und Umweltmanagement in KMU ist groß

77% der Unternehmen bewerten ihr Energiebewusstsein zwar mit hoch bis sehr hoch, die Maßnahmen sind aber vielfach rudimentär, wie etwa die Verwendung von Energiesparlampen (72%) zeigt. Die Mehrheit (81%) tut dies zudem in erster Linie aus Kostengründen und weniger aus einem Umweltschutzbewusstsein heraus (13%) (Perspektive Mittelstand 2008).

Zwar steigt das Energie- und Umweltbewusstsein im Mittelstand, die Implementierung entsprechender, systematischer Managementsysteme ist jedoch selten. Gründe hierfür sind in den KMU-typischen Rahmenbedingungen zu erkennen:

- Gerade kleinen Unternehmen fehlen im Vergleich zu großen das technische und besonders betriebswirtschaftliche Know-how, die für die Planung und Umsetzung notwendige Personalressourcen oder die nötige finanziellen Mittel.
- Aber auch selbst wenn diese Voraussetzungen im Unternehmen erfüllt sind oder sich leicht erfüllen ließen, so fehlt es nach wie vor in vielen kleinen und mittelständischen Unternehmen an einer ausreichenden

Sensibilisierung und Bereitschaft, sich mit Energie- und Umweltmanagement auseinander zu setzen.

Beides, solide Kenntnisse sowie das Bewusstsein und die Bereitschaft, in Energie- und Umweltmaßnahmen zu investieren, sind aber notwendig, wenn die Unternehmen in Zukunft im Ansehen und in ihrer Kostenstruktur wettbewerbsfähig bleiben wollen.

Die Unternehmen müssen für Energie- und Umweltmanagement motiviert werden

Und damit kann ein neuer Bedarf formuliert werden: Die Unternehmen ...

- müssen sensibilisiert,
- ihre Bereitschaft geweckt,
- die Erkenntnis über die Vorteile von EUM vermittelt
- und das Wissen gefördert werden.

Betriebswirtschaftliche Argumente übernehmen dabei eine entscheidende Rolle, wenn man KMU zum Handeln bewegen will. Volkswirtschaftliche und technische Argumente hingegen dürften im aufgrund knapper personeller und finanzieller Ressourcen eingeschränkten Mittelstand nur bedingt als Argumente für ein Energie- und Umweltmanagement (EUM) hilfreich sein.

Die Unternehmen müssen für Energie- und Umweltmanagement motiviert und dazu unterstützt werden. Zwei Fragen stellen sich allerdings:

1. Welche Entwicklungen, insbesondere gesetzliche Vorschriften und Initiativen zwingen die Unternehmen, aktiv zu werden?
2. Wer unterstützt die Unternehmen dabei – und in welcher Form?

Und es schließt sich somit eine dritte Frage an: Was wissen die Unternehmen von diesen Hilfen und Unterstützungen und welche Sensibilisierung, Bereitschaft und welche Aktivitäten können bereits dort erkannt werden?

Ziel und Aufbau der Studie

Diese drei Fragen sollen in der vorliegenden Studie beantwortet werden. Im Fokus stehen dabei insbesondere diejenigen KMU, die einen signifikanten Energieverbrauch (über 100.000 KWh p. a.) und entsprechend hohe CO_2-

Emissionen aufweisen. Denn gerade in diesen Unternehmen trifft ein großer Druck für ein konsequentes Energie- und Umweltmanagement auf ein noch zu geringes Bewusstsein dafür.

1. Die Studie umfasst – den Fragen folgend – zunächst einen gutachterlichen Teil. Hier wird zusammengetragen und bewertet, welche Rahmenbedingungen (Konzepte aus Wissenschaft und Praxis, gesetzliche Vorgaben, Hilfen durch Verbände und Ratgeber) Energie- und Umweltmanagement in Unternehmen befördern.
   - Zunächst werden Konzepte zum Energie- und Umweltmanagement aus der wissenschaftlichen Literatur zusammengetragen (Kapitel 2.1 / Kapitel 2.2.).
   - Dem folgt ein Einblick in empirische Studien und deren Befunde zum Energie- und Umweltmanagement speziell in kleinen und mittleren Unternehmen (Kapitel 2.3).
   - Anschließend werden Stellungnahmen wiedergegeben, es sind Meinungen von politischen und politiknahen Institutionen (Kapitel 2.4).
   - Trends im politischen und rechtlichen Umfeld, die für das Energie- und Umweltverhalten im Mittelstand besitzen, werden sodann skizziert und bewertet (Kapitel 3.1 und 3.2).
   - Davon ausgehend erfolgt ein Überblick über relevante Förderprogramme (Kapitel 4.1) und institutionelle Angebote zur Unterstützung und Etablierung von EUM (Kapitel 4.2). Weiterhin werden relevante Ratgeber vorgestellt (Kapitel 4.3).
2. Es schließen sich zwei Studien an:
   - Erstere dient der Ergänzung der gutachterlichen Bewertung der Rahmenbedingungen durch eine qualitative Expertenbefragung zum Stand des EUM im Mittelstand, zu geeigneten Fördermaßnahmen und zu weiteren Meinungen aus Politik, Wissenschaft und Wirtschaft (Kapitel 5).
   - Die zweite, quantitative Studie umfasst im Kern die Befragung von Unternehmen, was diese von den gesetzlichen Vorgaben sowie Hilfen und Unterstützungen wissen und nutzen. Zudem werden Denkweisen, Erwartungen, Probleme, bestehende und geplante Maßnahmen sowie die Bereitschaft, Widerstände und Entscheidungsbedingungen zum betrieblichen Energie- und Umweltmanagement ergründet (Kapitel 6).
3. Aus den Ergebnissen werden sodann wertende Empfehlungen für die Unternehmen erarbeitet. Aufbauend auf die vorangegangen Erkenntnisse

und die Einschätzungen der Experten sowie die Ergebnisse der Erhebung in Unternehmen erfolgt dann eine abschließende Stellungnahme zum Energie- und Umweltverhalten und -management im Mittelstand. Diese soll mittelständische Unternehmen in die Lage versetzen, den politischen und rechtlichen Rahmen einschätzen, den betriebswirtschaftlichen Nutzen eines strukturierten EUM bewerten und für den eigenen Betrieb geeignete Förderprogramme und -maßnahmen identifizieren zu können (Kapitel 7).

2 Grundlagen: Energie- und Umweltmanagement im Mittelstand

Kernaussagen dieses Kapitels:

- Energiemanagement kann formal als Teil eines ganzheitlichen Umweltmanagements angesehen werden. Zum besseren Verständnis wird von Energie- und Umweltmanagement gesprochen.
- Die Umsetzung von Maßnahmen zu Energie- und Umweltmanagement in KMU ist komplex und es müssen hierbei die jeweilige Unternehmensorganisation, die Unternehmenskultur, das soziale Gefüge im Unternehmen, interne und externe Faktoren und das unternehmerische Nutzenkalkül berücksichtigt werden. Die Literatur gibt hierzu umfassende Konzepte.
- In der Praxis und Verwaltung werden Konzepte und Instrumente für betriebliches Energie- und Umweltmanagement angeboten und eingesetzt, die vielfach zertifizierenden Charakter besitzen und Checklistenkataloge zur Analyse und Vorschläge für konkrete Maßnahmen bieten.
- Jüngere Studien haben gezeigt, dass Kosteneinsparungen und gesetzliche Vorgaben die Haupttreiber für die Implementierung von Energieeffizienzmaßnahmen oder Umweltmanagementsystemen sind.
- Finanzielle Ressourcen und fehlendes Know-how sind die wichtigsten Gründe gegen Energie- und Umweltmanagement im Mittelstand.
- Die Umsetzung entsprechender Maßnahmen hängt von einer Schlüsselfigur im Unternehmen ab, deren Motivation, Überzeugung und Durchsetzungskraft.
- Konkrete Probleme bzw. Anlässe motivieren mittelständische Unternehmen am ehesten zu Energie- und Umweltmaßnahmen.
- Die Energie- und Umweltpolitik darf die Wettbewerbsfähigkeit der Unternehmen nicht beeinträchtigen und muss deutliche ökonomische Anreize setzen.
- Energieversorger bieten größtenteils Unterstützung bei Energieeffizienzmaßnahmen an. Die Verantwortung für die weitere Förderung energieeffizienten Verhaltens sehen sie in der Mehrheit jedoch bei der Politik.

Betriebliches Energie- und Umweltmanagement ist kein Neuland, weder in der Wissenschaft, noch in der Praxis. Inhalt, Ausgestaltung und besondere Instrumente sind weitgehend durch die Wissenschaft beschrieben. Ebenso existieren eine Reihe von Konzepten und Systemen, die sich aus der Praxis heraus als Quasi-Standardlösungen entwickelt haben. Die wichtigsten Erkenntnisse hierzu werden im Folgenden zusammengetragen, getrennt nach ihrer theoretischen, praktischen und empirischen Herkunft.

2.1 Grundfragen und Konzepte aus der Wissenschaft

In der Wissenschaft werden Konzepte zum betrieblichen Umweltmanagement aus der Betriebswirtschaftslehre aufgestellt. Umweltmanagement und Umwelt(audit)systeme werden mit Schlagworten wie ISO-Normen, Ökobilanzen, Benchmarks, Energiemanagementsysteme und auch dem Emissionsrechtehandel verbunden. Es wird dabei deutlich, dass Energiemanagement durch die Konzepte zum Umweltmanagement mit erschlossen wird, dieses Forschungsgebiet also im Umweltmanagement faktisch aufgeht.

Innerhalb der Betriebswirtschafts- oder Managementlehre handelt es sich beim Umweltmanagement um ein noch junges dennoch umfassend behandeltes Forschungsgebiet, das allerdings bisher kein abschließend gemeinsames Verständnis von Umweltmanagement hervorgebracht hat. Dies wird an zwei – hier exemplarisch herangezogenen – Definitionen von Müller-Christ und Werder / Nestler deutlich:

„... Umweltmanagement für Unternehmen bedeutet nun, das soziale System Unternehmen so zu führen, dass es in einem Überlebensgleichgewicht mit der natürlichen Umwelt existieren kann ...“ (Müller-Christ 2001, S. 4).

„Der Begriff Umweltmanagement bezeichnet allgemein die systematischen Aktivitäten eines Unternehmens, die auf den betrieblichen Umweltschutz ausgerichtet sind. Ausgangspunkt für ein betriebliches Umweltmanagement ist die Erkenntnis, dass die Unternehmen das ökologische Gleichgewicht maßgeblich beeinträchtigen. Die Aufgabe des Umweltmanagements besteht im Kern darin, die von einem Unternehmen ausgehenden Umweltschäden zu verringern, zu vermeiden oder gegebenenfalls zu beseitigen...“ (Werder/Nestler 1998, S. 9).

Die Beschreibungen zeigen sehr unterschiedliche Ebenen der Abstraktion. Müller-Christ hebt daher auch die damit verbundene Vieldeutigkeit hervor und schlägt als begrifflichen Ausweg „Umweltmanagement“ den Begriff „naturschutzorientierten Management“ (Müller-Christ 2001, S. 4), was die hier relevanten Inhalte eher noch abstrakter tituliert. Eine solche begriffliche Wahl wie auch die Vieldeutigkeit der Auslegung von Umweltmanagement führt dazu, dass jenseits der Wissenschaft die Konzepte hierzu in der Praxis kaum Akzeptanz und Beachtung finden.

Es soll daher versucht werden, die bisherigen – theoretischen – Konzepte aus der Wissenschaft in eine einfache, auch in der Praxis verständliche und eindeutige Form zu übersetzen:

Verständnis von Umfang und Rolle des Umweltmanagements für die Praxis

Umweltmanagement im Sinne einer umweltschutzorientierten Unternehmensführung ist Teil des strategischen Managements im Unternehmen und muss sich daher auch in den Unternehmenszielen wieder finden. Dabei muss Umweltmanagement als Querschnittsfunktion und -aufgabe erkannt werden, die sich durch nahezu alle betrieblichen Funktionen zieht (sofern einzelne Funktionsbereiche den Umweltschutz ohnehin nicht selbst thematisieren).

Kostensenkung und Effizienz sind zentrale ökonomische Ziele. Kostensenkung und Effizientsteigerung durch systematische Einsparung von Energie und Material bzw. Gütern, sonstigen betrieblichen Ressourcen (Personal) sowie die Vermeidung von kostenpflichtigen Emissionen und Abfällen / Verunreinigungen sind folglich die zentralen Argumente und ergeben die letztendliche Motivation für ein Umweltmanagement im Unternehmen. Da mit der Einsparung von Ressourcen auch die „Ressource" Energie eingeschlossen wird, wird offensichtlich, dass Energiemanagement als Teil des betrieblichen Umweltmanagements aufzufassen ist.

Nicht nur das Streben nach Effizienz- und Kostenstrukturverbesserung charakterisiert betriebliches Umweltmanagement, sondern auch die damit verbundene, gezielte Erschließung neuer Erfolgspotenziale. Umweltmanagement soll den Unternehmer nicht nur zur Ressourcenorientierung sondern auch zur Wettbewerbs- und Marktorientierung zwingen, sich also am Verhalten von Wettbewerbern und den Anforderungen des Marktes auszurichten, so z. B. um mit Umweltschutzaktivitäten das Unternehmensimage bei den Kunden zu verbessern oder mit Investitionen in Energieeinsparungen ähnliche Kostenstrukturen zu erreichen, wie die Konkurrenten.

Diesem Gedanken folgend differenziert die Wissenschaft – als grundlegende Philosophie der Unternehmen – das rein marktorientierte Umweltmanagement, welches sich dominant nach den Anforderungen des Marktes ausrichtet und das integrierte Umweltmanagement, bei dem die Anforderungen des Marktes und der Schutz der natürlichen Umwelt gleichberechtigt neben einander stehen. Entsprechend dieser Philosophie wird ein Unternehmen entweder nur die (vorgegebenen) Mindestanforderungen erfüllen oder dem

Umweltschutz im Sinne einer Corporate Social Responsibility erhöhten Stellenwert beimessen. Die Wahl der Philosophie wird aber letztendlich von den unternehmensindividuellen Chancen und Risiken solchen Handelns abhängen (vgl. u. a. Müller-Christ 2001, S. 16ff., Werder / Nestler 1998), so z. B. ob Maßnahmen zur Reduktion des betrieblichen Schadstoffausstoßes messbare Imagevorteile im Markt erbringen oder das Unternehmen nur von Gesetzes wegen zu der Investition gezwungen ist.

Planungsprozess und Strategien

Aus der Wissenschaft werden zudem formaltheoretische Planungsprozesse vorschlagen, an denen entlang Unternehmen ihr Umweltmanagement entwickeln sollen. Diese Prozesse können hier in ...

- strategische umweltorientierte Planungsschritte und Strategien sowie
- operative umweltorientierte Planungsschritte unterschieden werden.

Der Prozess beginnt sinnvollerweise mit der grundlegenden Entscheidung über die Bereitschaft, die unternehmerische Planung in Richtung eines Umwelt- (und Energie-)Managements zu verändern. Diese Bereitschaft ist – wie bereits in der Einführung in Kapitel 1 ausgeführt – gerade in kleinen und mittleren Unternehmen nicht immer gegeben, obwohl die Unternehmen schon aufgrund der gesetzlichen Vorgaben und der o. g. ökonomischen Überlegungen bereit sein müssen, sich mit den Themen Energieeffizienz und Umweltschutz auseinander zu setzen. Gleichwohl lassen sich auch eine Reihe von Faktoren benennen, die einer umweltschutzorientierten Unternehmensführung entgegenstehen, die aber auch den Chancen gegenüber zu stellen sind. Folgende Probleme und Chancen eines Umweltmanagements in kleinen und mittelständischen Betrieben werden in der Literatur genannt (Abbildung 1, Werder / Nestler 1998, S. 5). Allerdings dürfen die Probleme nicht apodiktisch als „K.O. – Bedingungen" verstanden werden, da es gerade Aufgabe eines durchdachten Umweltmanagements ist, diese Probleme zu überwinden.

Probleme	**Chancen**
▪ Fehlendes fachliches Know-how ▪ Zeitliche Engpässe ▪ Hohe Investitions- und Personalkosten ▪ Unsicherheit des tatsächlichen Nutzens	▪ Zweckbezogene Finanzierungshilfe ▪ Einsparungspotenziale ▪ Wettbewerbsvorteile ▪ Sicherung der Existenz

Abb. 1: Probleme und Chancen eines Umweltmanagements für KMU (Werder / Nestler 1998)

Ist diese Bereitschaft gegeben, erfolgt in einem weiteren Schritt die Entwicklung entsprechender Umweltleitlinien oder -grundsätze. Müller-Christ (2001, S. 71) konstatiert dazu: „Die Vermittlungsleistung der Umweltleitlinien zwischen den Unternehmenszielen und den konkreten Verhaltensveränderungen erkennt man daran, dass Umweltleitlinien nicht selten bereits Aussaugen über die angestrebten Ausrichtungen der betrieblichen Organisation, des Personalwesens sowie der internen und externen Kommunikation beinhalten. Sie sind deshalb dazu geeignet, die in der strategischen umweltorientierten Planungsphase entwickelten Orientierungen sowohl an die Mitarbeiter als auch an die Öffentlichkeit zu transportieren."

Die Unternehmen müssen nicht selbst die Leitlinien entwickeln, vielmehr sind diese öffentlich zugänglich und können weitgehend übernommen werden. Ein branchenunabhängiges Beispiel für solche Umweltleitlinien stellt der Ehrenkodex des Bundesdeutschen Arbeitskreises für umweltbewusstes Management e.V. (B.A.U.M.) dar. Unternehmen können sich bei der Erstellung eigener Umweltgrundsätze daran orientieren oder sich sogar als B.A.U.M. – Mitglieder diesen wörtlich anschließen.

Kodifizierte Umweltleitlinien dienen nicht nur der Öffentlichkeitswirkung sondern sind vielmehr ein Instrument zur Etablierung und Steuerung eines umweltschutzorientierten Mitarbeiterverhaltens. Daher ist die Beteiligung der Mitarbeiter bei ihrer Formulierung dringend angeraten. Die von so erarbeiteten Grundsätzen ausgehende Motivation der Mitarbeiter zur Umsetzung der Leitlinien ist natürlich wesentlich größer, als im Falle aufdiktierter Vorgaben (dazu auch ausführlich u. a. Müller-Christ 2001, 73ff., Becke 2000).

Für die weiteren strategischen Schritte (z. B. Zielkonkretisierung, Strategien) finden sich z. B. bei Müller-Christ (2001, S. 25) und Werder / Nestler (1998) intuitiv nachvollziehbare Vorgaben in Form von zu beachtenden Planungsgrößen und Strategien einer umweltorientierten strategischen Unternehmensplanung, die hier aufgegriffen werden. Abbildung 2 gibt zunächst Planungsgrößen entlang der typischen Planungsschritte vor. An diesen hat sich die unternehmerische Planung zu orientieren. Allerdings geben diese Planungsgrößen per se nicht eine konkrete Handlung vor, was sich allerdings aus den späteren Strategien entwickeln lässt.

Werder / Nestler (1998, S. 14f.) beschreiben hierzu drei alternative Strategien, deren Wahl in Abhängigkeit von den o. g. Zielen des unternehmensindividuellen Umweltmanagements erfolgen muss. Diese sind:

Umweltorientierte Planung – Strategische Ebene –
Ziel: Nachhaltige Existenzsicherung durch ein Überlebensgleichgewicht mit der Umwelt ⇩ **Zentrale Führungsgrößen:** Ressourcenschonung Risikominimierung Emissionsbegrenzung ⇩ **Schlüsselgrößen für strategische umweltorientierte Entscheidungen:** Rohstoffvorräte Zustand der natürlichen Umwelt Treibhauseffekt Waldzustand Gewässerbelastung Luftverschmutzung Gesellschaftliche Bewertung der Umweltverschmutzung Umweltpolitische Entwicklungen Problemformulierungsmacht von Umweltgruppierungen Umweltrelevanz des Produktprogramms Umweltrelevanz des Produktionsverfahrens ⇩ **Aufgabe:** Erhaltung, Suche und Aufbau von Erfolgspotenzialen unter Berücksichtigung der damit verbundenen langfristigen Wirkungen auf Natur, Wirtschaft und Gesellschaft

Abb. 2: Umweltorientierte strategische Planung (i. A. a. Müller-Christ 2001)

- **„Konformitätsstrategie"**
  - Ausschließliches Befolgen der gesetzlichen Vorgaben – nicht mehr.
  - Dabei laufende Überprüfung der Maßnahmen und ggfs. Anpassung an veränderte Vorgaben.
  - Diese Strategie findet für diejenigen Unternehmen Anwendung, die aufgrund des Mangels an Bereitschaft nur die minimalen Anforderungen erfüllen wollen.

  - Eine derartige Strategie kann – im Lichte der obigen Argumente für ein Umweltmanagement – nur vor einem größeren – und damit gut vorbereiteten – Schritt in Richtung systematisches Umweltmanagement angeraten werden.
- **„Optimumstrategie“**
  - Freiwillige Umweltschutzmaßnahmen über die gesetzlichen Vorgaben hinaus.
  - Es wird eine sichtbare Verbesserung der Umweltqualität gegenüber der Ausgangssituation angestrebt.
  - Allerdings müssen die Maßnahmen wirtschaftlich noch vertretbar bleiben.
  - Diese Strategie ist – allein schon aus ihrer breiten Auslegung heraus – die gerade für kleine und mittlere Unternehmen angemessene und wohl auch am meisten verbreitete Strategie. Gleichwohl sind die sich daraus ableitbaren Vorgaben doch sehr allgemein und abstrakt. Sie bedürfen einer umfangreichen Konkretisierung.
- **„Maximumstrategie“**
  - Andere unternehmerische Ziele (z. B. Gewinnstreben) werden den Zielen des Umweltschutzes untergeordnet.
  - Allerdings ist ein derartiger Weg in praxi kaum umsetzbar und dürfte daher wenig Akzeptanz finden.
  - Diese Strategie erscheint nur für Institutionen mit einem besonderen gesellschaftlichen Auftrag sinnvoll, für „normale“ gewinnwirtschaftlich agierende Unternehmen allerdings unsinnig.

Operative Planung

Die strategischen Vorgaben müssen ihre Umsetzung in der operativen Planung finden, dem konkreten Maßnahmenplan. Gleichwohl finden sich in diesem operativen Planungsfeld auch strategische Elemente, da letztendlich die noch allgemeinen Ziele und Vorgaben in Unterziele und Teilstrategien sowie Planungsgrößen herunter gebrochen werden müssen. Entsprechend analog zur strategischen Planungsebene schlägt Müller-Christ (2001, S. 77) das folgende Schema vor (Abbildung 3).

Umweltorientierte Planung
– Operative Ebene –

Ziel:
Senkung des Energie-, Ressourcenverbrauchs und Abfallvolumens, geschlossene Produktionskreisläufe, Enttoxifizierung der Produkte und des Produktionsprozesses

⇩

Zentrale Führungsgrößen:
Energie-/Ressourcenverbrauch
Abfallvolumen
Emissionswerte
Toxizitätswerte

⇩

Schlüsselgrößen für operative umweltorientierte Entscheidungen:
Stoffliche Zusammensetzungen von gelieferten Vorprodukten und Systemkomponenten
Abfallzusammensetzung und Abfallwegesteuerung
Energiewirkungsgrade
Substitutionspotenzial von toxischen Stoffen
Distributionsoptimierung (Verpackungsaufwand, Transport usw.)
Reparaturfreundlichkeit der Produkte
Modulbauweise von komplexen Produkten
Langlebigkeit von Produkten

⇩

Aufgabe:
Bestmögliche Realisierung des bestehenden Ressourcen- und Energieeinsparungspotenzials in festgesetzten Zeiträumen

Abb. 3: Umweltorientierte operative Planung (i. A. a. Müller-Christ 2001)

So wird auch darin offensichtlich, dass hier die Planungsgrößen erheblich konkreter ausfallen, als auf der strategischen Ebene. Sie sind wesentlich einfacher zu operationalisieren, es kann also recht leicht festgestellt werden, ob und wie sich diese Zielgrößen durch die Umweltmanagementmaßnahmen verändern.

Gleichwohl bleibt die aus der Literatur gebotene Übersicht vor den konkreten Maßnahmen stehen. Wie nun im Einzelnen diese Maßnahmen aussehen und was konkret im Unternehmen getan werden muss, wird so nicht gesagt. Hierzu sind allerdings die praktischen Ratgeber und Maßnahmenpläne geeignet, auf die im späteren Verlauf der Ausführungen noch eingegangen wird.

Wirkung eines Energie- und Umweltmanagements auf die Organisation im Unternehmen und deren Implementierung

Ein betriebliches Energie- und Umweltmanagement zieht auch Veränderungen in der Organisationsstruktur des Unternehmens nach sich. Diese ergeben sich z. B. aus der unter bestimmten Voraussetzungen bestehenden Verpflichtung zur Bestellung von Betriebsbeauftragten.[1] Durch die freiwillige Einrichtung eines Umweltschutzbeauftragten können u. U. Haftungsrisiken frühzeitig erkannt und ausgeschlossen werden. Aber auch aus betriebswirtschaftlichen Gründen ist die ökonomisch effiziente Einbindung von Umweltschutz- und Energieeffizienzaufgaben in die Unternehmung zu gewährleisten.

Aus Sicht der betriebswirtschaftlichen Organisationslehre kann der Veränderung in zwei Richtungen ihre Wirkung entfalten:

- Strukturelle Veränderung, d. h. Veränderung in der Aufbauorganisation, und dies entweder ...
  - funktional-additiv durch Schaffung zusätzlicher (Stabs-) Stellen, was zusätzliche Kosten verursacht oder
  - integrativ durch Übertragung von Umweltschutzverantwortung auf alle oder einzelne bestehende Stellen (dies dürfte bei ressourcen-knappen Unternehmen der häufigere Fall sein)
- Prozessuale Veränderung, d. h. Veränderung in der Ablauforganisation (z. B. Einführung von Kontrollschritten in der Produktion, zusätzliche Entsorgungsaufgaben, neue Maschinen / Gerätschaften, die auch einen anderen Leistungserstellungsablauf bewirken).

Natürlich wird die Ausgestaltung der Veränderung durch die unternehmensindividuellen Rahmenbedingungen, die individuelle Planung für das Energie- und Umweltmanagement (Zwang, Chance, Notwendigkeit) und die daraus abgeleiteten Strategien bedingt. Werder und Nestler (1998)

---

[1] Auf Grundlage bestehender Umweltgesetze müssen bspw. Immissionsschutzbeauftragte (§ 54 BImSchG), Störfallbeauftragte (§ 58 b BImSchG) oder Gewässerschutzbeauftragte (§ 21 b WHG) bestellt werden. Eine gesetzliche Pflicht zur Bestellung eines (allgemeinen) Umweltbeauftragten besteht jedoch nicht.

konnten allerdings in einer Untersuchung drei Idealtypen der Organisation des Umweltschutzes im Mittelstand ausmachen.

- Typ 1: Der *Umweltgeneralist* etabliert aufgrund seiner geringen Betriebsgröße und geringen Umweltrelevanz lediglich eine nebenamtliche oder periodische Umwelteinheit (z. B. Mitarbeiter) mit eher generalistischem Aufgabenspektrum.
- Typ 2: Große Mittelständler mit durchschnittlicher Umweltrelevanz und meist nur einem Standort nutzen ein *Umweltteam*. Dieses setzt sich aus z. T. haupt- und z. T. nebenamtlichen und / oder periodischen Umwelteinheiten (also Mitarbeitergruppen) zusammen. Dabei gibt es eine zentrale Einheit mit generalistischem Aufgabenspektrum sowie „dezentrale" Umweltspezialisten. Konzipierungs- und Konkretisierungsaufgaben obliegen primär den Spezialisten.
- Typ 3: Beim *Umweltnetzwerk* erfolgt die Einrichtung mehrer Einheiten, die mit Konzipierungsaufgaben für den Umweltschutz betraut sind. Mindestens eine der organisatorischen Einheiten (also auch Mitarbeiter/-gruppen) ist dabei hauptamtlich tätig. Die einzelnen Einheiten setzen sich zumeist aus einem zentral platzierten Umweltgeneralisten und weiteren, teils dezentral platzierten Spezialisten zusammen. Diese sehr ausdifferenzierte Form findet sich vorwiegend in großen KMU mit mehreren Standorten und hohem Umweltrisiko.

Gemäß der Analyse von Hennicke et al. (1998) sind derlei Konzepte und Maßnahmen allerdings nur dann implementierbar, wenn neben den planerischen auch persönliche Vorgaben der Mitarbeiter berücksichtigt werden, um Widerstände wie z. B. ...

- offene Ablehnung in der Planung oder später in der Aufgabenvergabe,
- unbedachter oder unzuverlässiger Umgang mit den neuen Aufgaben,
- Nichterfüllung der Aufgaben,
- Mobbing ggü. den beauftragten Mitarbeitern

zu vermeiden. Wie in anderen Aufgabenfeldern (z. B. Einführung eines Gesundheitsmanagements) im Unternehmen auch, sind es die sozialen Interaktionen und personellen Strukturen, die bei der Umsetzung von Energieeffizienzmaßnahmen oder Umweltmanagement die entscheidende Rolle spielen. Die persönliche Überzeugung und Position des Initiators wie auch die Unterstützung durch die Mitarbeiter ist von essentieller Bedeutung für den Erfolg oder Misserfolg des Planungsvorhabens.

In diesem Sinne ist hier der – operative – Schritt der Implementierung unter Beteiligung der Mitarbeiter zu ergänzen, der neben Aufklärungskampagnen im Unternehmen auch Schulung – nicht nur in der jeweiligen Fachfrage des Umwelt- und Energieeffizienzmaßnahme sondern auch – über die generellen Vorteile und Notwendigkeiten von Energie- und Umweltmanagement umfassen muss.

Bewertendes Fazit

Die Ausführungen zuvor gaben zentrale Erkenntnisse und Konzepte für das Energie- und Umweltmanagement aus der wissenschaftlichen Literatur wieder. Diese bestehen primär in der Identifizierung und Strukturierung der in der Planung zum Energie- und Umweltmanagement zu beachtenden groben Schritte, der Entscheidungsfelder (strategische, operative Entscheidungen, organisationale Wirkungen und Aufgaben der Implementierung) sowie der zu beachtenden Planungsgrößen.

So sehr diese Beiträge aus der Literatur auch beim Verständnis und der Einordnung von Begrifflichkeiten und Aufgaben zum Energie- und Umweltmanagement hilfreich sein mögen und so sehr sie auch helfen, die Aufgaben systematisch anzugehen, so fern sind die Konzepte vom individuellen Fall jedes einzelnen Unternehmen und den damit verbundenen konkreten Maßnahmen. Es wird nun im Folgenden geprüft, ob aus Konzepten und berichteten Umsetzungen in der Praxis heraus eine Konkretisierung möglich wird.

2.2 Energie- und Umweltmanagement - Konzepte und Maßnahmen aus der Praxis

Jenseits der zuvor ausgeführten formal-theoretischen Konzepte zum Energie- und Umweltmanagement aus der wissenschaftlich basierten Literatur sind in der Praxis und auch bei politischen und sonstigen Verwaltungen (z. B. Ministerien, DIN - Normung) Konzepte und Instrumente entstanden bzw. es können praktische Umsetzungen von Energie- und Umweltmanagement für andere Unternehmen generalisiert werden.

Was sind Konzepte und Maßnahmen in der Praxis?

Dabei sind die hier so benannten Konzepte typischerweise formalisierte Prüfungs-, Analyse- und Planungskataloge, an denen entlang ein Unternehmen seine Voraussetzungen und bisherigen Maßnahmen zum Energie- und Umweltmanagement an checklisten-ähnlichen Fragenkatalogen prüfen und bewerten kann sowie Vorschläge erhält, welche weiteren Maßnahmen es ergreifen kann oder sogar muss. Alle Konzepte sind daher in ähnlicher Weise aufgebaut und folgen zumeist dem Plan-Do-Check-Act-Prinzip (PDCA). Das bedeutet konkret folgenden, typischen Ablauf:

- „Plan“: In dieser Phase werden Verbesserungspotenziale identifiziert, der Status quo analysiert und Maßnahmen zum EUM geplant. Zum Einsatz kommen dabei standardisierte Checklisten. Im Unternehmen werden dazu die bisherige Umweltpolitik und Umweltschutzmaßnahmen, die bisherige Verankerung und Organisation des Umweltschutzes im Unternehmen, die unternehmensspezifischen Umweltvergleichsdaten (z. B. Emissions- und Verbrauchswerte), die Erfüllung gesetzlicher Anforderungen, die bisher erfolgte Mitarbeiterschulung und die bis dato erfolgte umweltbezogene Marktkommunikation im Unternehmen überprüft.
- „Do“: In dieser Phase werden auf Grundlage der vorangegangenen Selbstanalyse und Planung die ersten Maßnahmen ergriffen und ihre Umsetzbarkeit in einzelnen Teilen des Unternehmens getestet. Derartige Maßnahmen sind z. B. Abwärmenutzung, Abgasreinigung, Abfalltrennung.[2]
- „Check“: Die einzelnen Maßnahmen werden als Test verstanden und nach kurzer Zeit in ihrer Akzeptanz im Unternehmen, ihrer Wirkung und

[2] Eine Aufstellung von Maßnahmen, die nie vollständig sein kann, aber einen Eindruck vermittelt, ist im Anhang aufgeführt.

den Kosten / Nachteilen bewertet werden. Danach erfolgt eine Go-No-Entscheidung, also ggf. die Weiterführung der Maßnahme und ...

- „Act“: ... ggf. die weitere Verbreitung auf das gesamte Unternehmen, im Sinne eines Unternehmensstandards. Diese letzte Phase bedeutet also die unternehmensweite Einführung des Managementsystems und die Umsetzung der gewählten und bewährten Energie- und Umweltmaßnahmen. Damit werden vielfach auch begleitende Anpassungen in der Organisation im Untenehmen und Investitionen (z. B. neue Anlagen) einhergehen.

In der Regel schließt sich dem letzten Schritt dann auch eine Prüfung zur Zertifizierung an. Je nach Konzept ist zudem die regelmäßige Prüfung der Einhaltung der Umweltstandards und Erneuerung der Zertifizierung vorgesehen (bei EMAS wird hier von Revalidierung gesprochen).

Zu weiteren Verdeutlichung sind im Anhang ...

- eine fiktive Auswertung eines Selbstchecks mit den sich daraus ergebenden Maßnahmen für produzierende Unternehmen aufgeführt (diese Auswertung wurde mit dem QuB-Tool (s. u.) erstellt) und
- eine Liste von typischen Energie- und Umweltmaßnahmen, die allerdings nie vollständig sein kann.

Hier nun werden einige Konzepte und Hilfsmittel (Pläne, Softwaretools), die es zu erwähnen lohnt, zusammengetragen und später zusammenfassend bewertet. Wir haben uns hier auf diejenigen beschränkt, die in der Praxis eine – überhaupt – sichtbare Verbreitung besitzen.

- *Energie- und Stoffstrommanagement (ESSM)*

  Energie- und Stoffstrommanagement (ESSM) ist zunächst nur ein Konzept, dass auf verschiedene wissenschaftliche Arbeiten zurückgeht und insbesondere aufgrund der Enquete Kommission „Schutz des Menschen und der Umwelt“ (1994 - 1998) des Bundestages Bedeutung für die deutsche Umweltpolitik gewonnen hat. Heute wird es in der Praxis von mehreren Anbietern in Form von Analyse- und Lösungskatalogen sowie entsprechende Softwarelösungen umgesetzt. Mit der Analyse und den daraufhin vorgeschlagenen Lösungen / Maßnahmen soll in den Unternehmen eine effiziente Gestaltung von Energie- und Materialflüssen sowie eine effiziente Einsatz natürlicher Ressourcen bei gleichzeitig minimaler Einwirkung auf die Umwelt erreicht werden. Neben einer erhöhten Energie- und Ressourceneffizienz soll mittels ESSM auch eine kontinuierliche Erfassung und Kontrolle aller Energie- und Materialflüsse im Unternehmen erreicht werden. Ergänzend stehen dazu verschiedene Software-Pakete (z.B. Umberto) zur Unterstützung und Optimierung der Energie- und Materialflüsse zur Verfügung. Zwar kann ESSM für kleine und mittlere Unternehmen einen ersten Schritt zu einem später ganzheitlichen Energie- und Umweltmanagement darstellen. Dieses ersetzen kann es jedoch nicht. Die Deutsche Materialeffizienzagentur (www.demea.de) sowie die Deutsche Energieagentur (dena) bieten hierzu Beratung und Fördeprogramme an.

- *PIUS (Produktionsintegrierter Umweltschutz)*

  PIUS soll v. a. produzierende KMU bei Kostensenkung, effizienterem Einsatz von Rohstoffen und Energie und Prozessoptimierung unterstützen. Über eine Internetplattform werden dazu Projektberichte, Branchenleitfäden, Maßnahmenkataloge, Praxis-Infos, Software, Tagungsbände, Literaturlisten etc. kostenfrei zugänglich gemacht. Weitere Informationen zu PIUS finden sich im Internet auf http://www.pius-info.de.

- *EMAS easy*

  EMAS easy ist eine nach den Bedürfnissen kleiner und mittlerer Unternehmen weiterentwickelte Variante des Eco-Management and Audit-Scheme (EMAS) der Europäischen Union, die zu einer Zertifizierung nach EMAS oder ISO 14001 führen kann. Dabei trägt EMAS easy den personellen, unternehmenskulturellen und finanziellen Rahmenbedingungen von KMU Rechnung. Der gesamte Prozess ist innerhalb von dreißig Tagen durchführbar. Denn im Gegensatz zu EMAS beschränkt sich bspw. die Umwelterklärung auf zwei Seiten. Aufbauend auf Ecomapping erfolgen ein Erst-Check und eine Input-Output-Anaylse. Ergebnisse werden in einem Öko-Logbuch festgehalten und Einzelziele sowie Maßnamen formuliert. Ferner wird eine Reihe von Umweltindikatoren definiert, um die Ergebnisse messbar zu machen. Am Ende des Prozesses stehen dann betriebsinterne Audits, die für einen anhaltenden Verbesserungsprozess sorgen sollen. Weitere Informationen und Arbeitsmaterialien finden sich im Internet unter www.ecomapping.org.

- *Ecomapping*[3]

  Ecomapping, entwickelt vom Brüsseler Umweltberater Heinz-Werner-Engel, ist ein Konzept zur visualisierten Umweltbestandsaufnahme und Umsetzung eines Umweltmanagements in kleinen und mittleren Unternehmen: „Ecomapping liefert Informationen über die mit den betrieblichen Aktivitäten verbundenen Umweltauswirkungen und macht gleichzeitig Vorschläge für Verbesserungsmaßnahmen, die sich sofort umsetzen lassen. Ecomapping ist jedoch kein Umweltmanagementsystem, da nicht die betriebliche Organisation und die systematische Maßnahmenverfolgung nach dem Plan–Do–Check–Act (PDCA)-Regelkreis im Vordergrund stehen“ (Ecoconseil Enterprise SCRL 2005: 3). Das Ecomapping-Tool umfasst zehn Schritte: Einen Lageplan, eine Input-Output-Analyse, eine Öko-Wetterkarte, sechs eigentliche Ecomaps und ein Umweltinformationssystem. Ecomapping ermöglicht es KMU, umweltkritische Stellen im Betrieb zu identifizieren und geeignete Verbesserungsmaßnahmen zu planen. Materialien dazu stehen kostenlos im Internet zur Verfügung. Die Arbeitsmaterialien für Ecomapping können im Internet unter www.ecomapping.org kostenlos „herunter geladen“ werden.

- *ÖKOPROFIT*

  Das Ökologische Projekt für integrierte Umwelt-Technik (ÖKOPROFIT) wurde 1991 als Umweltberatungsprogramm in Graz durchgeführt. Es richtet sich prinzipiell an Unternehmen jeder Größe und Branche und eignet sich gerade auch für KMU als Einstieg in ein professionelles Umweltmanagement. Die Betriebe werden bei der effizienten und kostengünstigen Verbesserung ihres Umweltschutzes beraten und u. a. durch die Bildung lokaler Netzwerke unterstützt. Für Unternehmen, die eine Zertifizierung nach EMAS anstreben, kann ÖKOPROFIT als Vorbereitung darauf dienen. Weitere Informationen, Fallbeispiele und eine Datenbank mit konkreten Maßnahmen stehen im Internet unter www.oekoprofit-nrw.de zur Verfügung.

- *QuB – Qualitätsverbund umweltbewusster Betriebe*

  Das Konzept des QuB (Qualitätsverbund umweltbewusster Betriebe) ist identisch mit dem des QuH (Qualitätsverbund umweltbewusster Handwerksbetriebe), welches bereits 1997 ins Leben gerufen wurde. Es handelt sich dabei um ein den spezifischen Bedingungen dieser Unterneh-

---

[3] Detaillierte Informationen sowie Arbeitsmaterialien zum Ecomapping finden sich online auf der Plattform *http://www.ecomapping.com.*

men Rechnung tragendes Konzept zur Implementierung eines einfachen Umweltmanagements. Neben der Betriebsgröße finden auch Branchencharakteristika Berücksichtigung. Das Konzept ersetzt nicht eine Zertifizierung nach EMAS oder ISO 14001, kann jedoch als Vorstufe zu diesen betrachtet werden und darauf hinführen. An der Einführung eines solchen Umweltmanagementsystems interessierte Unternehmen können sich auf der Website des QuB ein umfangreiches Tool zur Selbstbearbeitung[4] herunterladen. Unternehmen erhalten damit die Möglichkeit, einen Selbstcheck des Status quo in den Bereichen Umweltpolitik, Umweltdaten, Rechtsaspekte, Schulungen, Organisation, Maßnahmen und externe Kommunikation durchzuführen. Mit der automatischen Auswertung liefert das Tool dann entsprechende Arbeitsblätter, die bei der Umsetzung des Umweltmanagements im Betrieb unterstützen. Mit der Umsetzung des Konzeptes kann eine QuB-Zertifizierung bzw. die Vorbereitung auf EMAS einhergehen. Die Einführung eines Umweltmanagementsystems nach QuB wird zudem je nach Bundesland in unterschiedlicher Kostenanteilshöhe gefördert. Detaillierte Hinweise zum Ablauf sowie das o. g. Software-Tool zur Selbstbearbeitung finden sich im Internet auf www.qub-info.de.

- *EcoStep*

  Ein weiteres Managementsystem, welches sich speziell für Mittelständler eignet ist EcoStep. Dabei handelt es sich um ein integriertes System, das die Bereiche Qualität, Arbeitssicherheit und Umweltschutz gemeinsam betrachtet. Nähere Informationen zu EcoStep sind u. a. beim KATALYSE Institut (www.katalyse.de) erhältlich.

- *Eco-Management and Audit-Scheme (EMAS) der EU*

  EMAS – auch als EU Öko-Audit bekannt – ist ein von der Europäischen Union entwickeltes integriertes System für Umweltmanagement und -betriebsprüfung „in Unternehmen und sonstigen Organisationen, die ihr Umweltverhalten verbessern wollen". Es ist eine Zertifizierungsbestimmung bzw. ein Analyse- und Planungsschema. Grundlage hierfür ist die „Verordnung (EWG) Nr. 1836/93 des Rates vom 29. Juni 1993 über die freiwillige Beteiligung gewerblicher Unternehmen an einem Gemeinschaftssystem für das Umweltmanagement und die Umweltbetriebsprüfung" (EMAS I). Nach einer Überarbeitung wurde mit der „Verordnung (EG) Nr. 761/2001 des Europäischen Parlaments und des Rates vom 19.

[4] http://www.qub-info.de/files/QuB-Tool_070213.exe

März 2001 über die freiwillige Beteiligung von Organisationen an einem Gemeinschaftssystem für das Umweltmanagement und die Umweltbetriebsprüfung (EMAS)" das aktuell gültige EMAS II verabschiedet. Eine dritte Novelle ist bereits in Arbeit und soll voraussichtlich 2010 in Kraft treten. Unternehmen, die sich nach EMAS zertifizieren lassen wollen, müssen dazu zunächst eine Umwelterklärung – ähnlich den in Kapitel 2.1 ausgeführten Leitlinien – abgeben. Diese wird durch einen akkreditierten Gutachter auf ihre Richtigkeit überprüft und muss jährlich aktualisiert werden. Alle drei Jahre erfolgt eine sog. Revalidierung, bei der das Umweltmanagement, die Einhaltung der Umweltpolitik sowie der gesetzlichen Vorschriften und die konsolidierte Umwelterklärung überprüft werden. Sämtliche Informationen zu EMAS sind im Internet auf www.emas.de zu finden.

- *ISO 14001 und sonstige Normen zum Energie- und Umweltmanagement*

Auch Normen sind über die Normenausschüsse und damit über die Praxis entstandene Vorgaben bzw. sogar ganze Konzepte. Diesem Verständnis folgend sind sie auch hier aufgeführt: Die Normenreihe ISO 14000 gibt eine generelle Anleitung zu organisations- und produktbezogenem Umweltmanagement. Die Norm ISO 14001 tritt dabei in Konkurrenz zum Umweltmanagement-Schema EMAS der EU. Aufgrund ihrer weltweiten Gültigkeit sowie im Vergleich zu EMAS geringeren Anforderungen ist die ISO Norm auch erheblich mehr verbreitet als EMAS. Zudem wird diese Norm von weiteren Bestimmungen umrahmt. Weitere wichtige ISO Umwelt-Normen sind:

- ISO 14001: Anleitung zum Aufbau bzw. der Optimierung eines Umweltmanagements im Unternehmen.
- ISO 19011 (früher 14010): Umwelt-Audit
- ISO 14020: Anleitung zur Umweltkennzeichnung und -deklaration
- ISO 14030: Anleitung bei Auswahl und Anwendung von Indikatoren bei der Evaluierung der Umweltleistungen eines Unternehmens
- ISO 14040: Ökobilanzen
- ISO 14062: Konzepte zur Einbeziehung von Umweltaspekten in die Produktentwicklung
- ISO 14063: Anleitung zur Umweltkommunikation

Anleitungen zur Anwendung der Normen sind beim Deutschen Institut für Normung e.V. (DIN) (www.din.de) erhältlich.

Weitere Instrumente

Über die oben beschriebenen formalisierten Umweltmanagementsysteme sind in der Praxis isolierte Instrumente bzw. Maßnahmen entstanden, die als Schritt in Richtung auf systematische Energie- und Umweltmanagementsysteme angesehen werden können und die ein professionelles Umweltmanagement nach sich ziehen respektive anstoßen können. Die Instrumente können grob in ...

- ordnungsrechtliche und fiskalpolitische Maßnahmen, die die Unternehmen per Gesetz z. B. über eine Steuer zu einem energie- und umweltbewussten Verhalten zwingen sollen und
- marktwirtschaftliche Instrumente wie z.B. das Schaffen ökonomischer Anreize

unterschieden werden. Hierzu einige Beispiele:

- *Benchmarks* in Form von Vergleichswerten zu Energieeffizienz oder Kohlendioxidemissionen eignen sich ebenfalls dazu, das Energie- und Umweltverhalten in Unternehmen positiv zu beeinflussen. Denn Energieeffizienz und Klimafreundlichkeit lassen sich auch gezielt als Marketinginstrument nutzen. Derartige Vergleiche spornen zu Wettbewerb zwischen einzelnen Unternehmen oder sogar Branchen an, der sich auch wirtschaftlich auszahlt. Sie sorgen somit für eine intrinsische Motivation bei den kleinen und mittleren Unternehmern.
- *Energie-Management-Systeme* arbeiten im Prinzip wie die o. g. Gesamtkonzepte, erfassen allerdings nur den besagten Teil des Energie- und Umweltmanagements.
- *Lernende lokale / regionale Netzwerke* aus kleinen und mittleren Unternehmen, eignen sich zum Erfahrungsaustausch und der Nutzung von Synergien bei der Umsetzung von Energieeffizienz- und Umweltschutzmaßnahmen. In Netzwerke können sich die Unternehmen z. B. gemeinsam auf eine Zertifizierung vorbereiten, in Round Table Gesprächen ihre Erfahrungen bei der Umsetzung austauschen und sich gegenseitig unterstützen. Hinzu kommt ein gesunder Wettbewerb zwischen den Unternehmen im Netzwerk.

Bewertendes Fazit

Die vorangegangenen Ausführungen in Kapitel 2.1 haben gezeigt, dass die Umsetzung von Maßnahmen zu Energieeffizienz und Umweltmanagement einen komplexen Prozess darstellt. Diesen Prozess gilt es in den Unternehmen in strukturierter Form zu installieren. Dabei müssen ...

- die Unternehmensorganisation,
- die Unternehmenskultur,
- das soziale Gefüge im Unternehmen,
- interne und externe Faktoren und
- das unternehmerische Nutzenkalkül

berücksichtigt werden. Für die Bewertung der auf diese Umsetzung ausgerichteten Konzepte aus der Praxis und Verwaltungen sind weitere Kriterien hinzuzuziehen. So müssen sie zunächst einige nahe liegende Anforderungen erfüllen, um gerade in mittelständischen Unternehmen anwendbar zu sein:

- Geringer zeitlicher Aufwand (Stichwort: Bürokratie).
- Geringer personeller Aufwand und Akzeptanz bei den Mitarbeitern.
- Geringer finanzieller Aufwand und Verbindung mit Förderungen.

Unter den Konzepten sind die beiden großen, konkurrierenden EMAS und ISO 14001 diejenigen, die in der fachöffentlichen Diskussion im Mittelpunkt stehen, sie sind aber im Mittelstand kaum verbreitet. Der Grund mag darin liegen, dass EMAS und ISO 14001 erheblichen Umsetzungsaufwand im Unternehmen mit sich bringen, was viele kleine und mittelständische Unternehmen abschreckt, zumal diese Prüfungen und Planungen nicht direkt mit Fördermitteln verbunden sind. Daraus ergibt sich für eher kurz- und mittelfristig planende KMU ein ungünstiges Kosten-Nutzen-Verhältnis der Implementierung von Energieeffizienzmaßnahmen und Umweltmanagementsystemen. Allein die Entwicklung von EMAS easy verdeutlicht, dass EMAS einer Vereinfachung bedurfte.

Konzepte mit weniger personalem und finanziellem Aufwand wie Ecomapping, ÖKOPRIFIT oder EMAS easy entsprechen den Anforderungen mittelständischer Unternehmen besser (so genannte niederschwellige Systeme). So werden manche Arbeitsmaterialien dazu kostenlos zur Verfügung gestellt. Konzepte wie EcoStep integrieren überdies gleich die drei Managementsysteme zu Umwelt, Arbeitssicherheit und Qualität. Dadurch lassen sich Synergien mit anderen Aufgaben im Unternehmen nutzen, was den Aufwand für den Betrieb weiter mindert. Gerade die niederschwelligen aber dennoch ganzheitlichen Umweltmanagementsysteme eigenen sich gut zum Anstoßen eines Energie- und Umweltmanagements in kleinen und mittleren Unternehmen.

Allerdings muss auch hier festgestellt werden, dass die Erfüllung der obigen Anforderungen nur eine grundsätzliche Eignung für die betriebliche Praxis bedeutet und nichts über die tatsächliche Akzeptanz bei mittelständischen Unternehmen aussagen kann. So muss der Umstand zum Nachdenken anregen, dass nur 0,5% der kleinen bzw. 1% der deutschen mittelständischen Unternehmen die oben beschriebenen Konzepte überhaupt einsetzen (Kahlenborn / Freier 2006, dazu mehr in Kapitel 2.3). Vielfach bedarf es also mehr, also nur ein geeignetes Konzept. Vielmehr sind es ein kritischer interner oder externer Problemdruck, die ein Unternehmen zum Handeln veranlassen (dazu u. a. auch Hennicke et al. 1998).

Daher wird im folgenden Kapitel auf empirische Studien eingegangen, die Hinweise auf die reale Akzeptanz von Energie- und Umweltmaßnahmen und -konzepten erbringen können. Auch wird dies in der späteren eigenen empirischen Untersuchung berücksichtigt.

Die folgende Tabelle fasst die o. g. Konzepte und Instrumente zusammen und bewertet diese.

Konzept/ Instrument	Inhalt Ziel	Bewertung und Frage nach der KMU-Tauglichkeit
Energie- und Stoffstrom-management	Effiziente Nutzung von Energie- und Material-flüssen	Noch kein ganzheitliches EUM, aber als erster Schritt dorthin gut geeignet
PIUS	Kostensenkung, effizienterem Einsatz von Rohstoffen und Energie und Prozessoptimierung	Besonders für produzierende KMU geeignet, kostenlos
Ecomapping	Bestandsaufnahme und Einzelmaßnahmen	Gutes Tool zum Anstoßen eines EUM, kostenlos erhältlich; allerdings kein umfassendes, systematisches Managementsystem
EMAS easy	KMU-angepasste Version von EMAS	Sehr gut geeignet, da geringe Kosten und geringer Aufwand
ÖKOPROFIT	Niederschwelliges System für KMU, sehr verbreitet in NRW	Sehr gut geeignet, insbesondere für KMU in NRW
QuB	Niederschwelliges System für (Handwerks-) KMU	Sehr gut geeignet, da u. a. kostenloses Software-Tool zur Verfügung steht und die Umsetzung erleichtert
Ecostep	Niederschwelliges System, welches Umwelt, Qualität und Arbeitssicherheit vereint	Sehr gut geeignet für KMU, da mit geringem Aufwand gleich drei Bereiche abgedeckt werden können
EMAS	Umfangreiches Umweltmanagement-/Öko-Audit-System der EU	Oftmals zu hoher (v. a. bürokratischer) Aufwand für KMU
ISO 14001	Umfangreiche international gültige Umwelt-management-Norm	Oftmals zu hoher (v. a. bürokratischer) Aufwand für KMU

Tab. 1: Zusammenfassende Bewertung der Konzepte und Instrumente aus der Praxis

2.3 Erkenntnisse zum EUM aus empirischen Studien zum Mittelstand

Jenseits der oben ausgeführten formal-theoretischen und der praktischen Beiträge zu Energieeffizienz und Umweltmanagement sind diese Themen in wissenschaftlichen und populären empirischen Studien behandelt worden. Da aus diesen Studien heraus ein Bild über die Umsetzung in der Praxis und die dort vorherrschenden Meinungen vermitteln werden kann, werden hier einige Befunde wiedergegeben, die sich auf das Energie- und Umweltmanagement in mittelständischen Unternehmen beziehen und Befunde bieten, die auf kleine und mittlere Unternehmen übertragbar sind.

Es werden daher hier nur Studien aufgeführt, die nicht nur aktuell sind und / oder umfassende wissenschaftlich fundierte Ergebnisse erbrachten, sondern auch für Mittelständler ergiebig sind. Die Studien sind unter den benannten Quellen fast ausnahmslos auch im Internet abrufbar.

Zur Bedeutung von Energieeffizienz und Umweltmanagement für den Mittelstand

Eine der jüngsten Untersuchungen auf diesem Gebiet stammt von der *Initiative Unternehmer Perspektiven der Commerzbank AG* (2008) und trägt den Titel „Klimaschutz – Chancen und Herausforderungen für den Mittelstand“. Insgesamt 4.031 Unternehmen des Mittelstandes wurden bundesweit zu den Auswirkungen des Klimawandels, ihren Reaktionen und Befürchtungen befragt. Der Klimawandel wird demnach von 45% der Mittelständler als eine der großen Herausforderungen des 21. Jahrhunderts und von weiteren 42% als sehr wichtiges, aber nicht alles beherrschendes Problem gesehen. 89% der Befragten schreibt den Unternehmen eine große Verantwortung bei der Eindämmung des Klimawandels zu. Insbesondere der Wissenschaft (85%), internationalen Konzernen (83%) und der EU (79%) schreibt man entsprechende Problemlösungskompetenz zu. Interessant, wenn auch nicht überraschend, ist die Tatsache, dass v. a. große Mittelständler sich bereits intensiv mit Klima- und Umweltschutzmaßnahmen auseinandersetzen. Kleinere Unternehmen fühlen sich hier eher schlecht vorbereitet. Aller Kritik an staatlicher Regulation zum Trotz, rechnet ein Drittel (35%) mit Wettbewerbsvorteilen für den Standort Deutschland, die sich aus der Klimaschutzpolitik ergeben. Allerdings prognostizieren umgekehrt 27% der Befragten für sich zukünftige Standortnachteile. Als derzeitige oder kurzfristig erwartete Auswirkungen des Klimawandels nennen die Unternehmen die steigenden Energiepreise, öffentliche Erwartungen an klimagerechtes Verhalten der Unternehmen und die Rohstoffknappheit. Daraus ergibt sich also zweifelsohne die enorme Relevanz eines professionellen Managements von Energie- und Umweltfragen auch in mittelständischen Betrieben. 57% der Unternehmen haben so auch bereits Maßnahmen zur Energieeffizienzsteigerung begonnen oder abgeschlossen. Dabei handelt es sich aber zum Großteil (72%) um Unternehmen, deren Energiekosten mehr als 20% des Jahresumsatzes ausmachen. Klarer Push-Faktor und Motivator sind damit die potenziellen Kosten- und Wettbewerbsvorteile. Trotz gegebener Potenziale sind jedoch weitere 28% noch immer nicht mit der Steigerung der Energieeffizienz beschäftigt. Die „Top 3" der hierfür angeführten Hinderungsgründe sind die Unübersichtlichkeit der Förderprogramme (56%), die unsicheren gesetzlichen Rahmenbedingungen (53%) und zu lange Abschreibungs- bzw. Amortisationsfristen (42%). Daraus ergibt sich also insbesondere für Förderer und Gesetzgeber Handlungsbedarf. Denn drei Viertel (76%) der Mittelständler sehen die Förderung und Finanzierung des Klimaschutzes im Mittelstand als eine der obersten Prioritäten der Politik. In der Unternehmenskommunikation zahlt sich nach Einschätzung der befragten Firmen v. a. ein ganzheitliches Verhalten, d. h. sowohl interne Klimaschutzmaßnahmen als auch das Angebot entsprechender Produkte, aus.

Auch das von TechConsult im Auftrag von Microsoft durchgeführte *„Trendbarometer für kleine und mittelständische Unternehmen"* (Perspektive Mittelstand 2008) bestätigt die große Bedeutung von Energieeffizienz im Mittelstand. 77% der befragten KMU bewerten ihr Energiebewusstsein mit hoch bis sehr hoch. Zwei Drittel der Unternehmen sind laut der Studie auch bereits aktiv und führen entsprechende Maßnahmen durch. Die Motivation zur Energieeinsparung erwächst dabei hauptsächlich (83%) aus Kostenüberlegungen und nur selten zum Zwecke des Umweltschutzes (13%). Im Rahmen der Energieeffizienzmaßnahmen konnten die Unternehmen ihre Kosten durchschnittlich um 13% senken.

Die *Deutsche Energie-Agentur* (dena) hat sich in einer repräsentativen Umfrage mit der Energieeffizienz in Unternehmen beschäftigt (dena 2008a und 2008b). Dazu wurden 102 KMU mittelständische Unternehmen aus Branchen mit starkem Energieeinsatz befragt. Den Umfrageergebnissen zufolge hat erwartungsgemäß Energieeffizienz für rund 90% dieser Unternehmen hohe bis sehr hohe Relevanz. 40% hätten bereits Maßnahmen zur Steigerung der Energieeffizienz durchgeführt und weitere 20% planen dies. Überraschender ist hingegen, dass 39% bislang keine Maßnahmen ergriffen haben und das Einsparpotenzial häufig unterschätzen. Weiterhin stellt die

Studie den Nutzen eines Energiemanagementsystems und externer Beratung heraus. Zwei Drittel der Unternehmen, die ihre Energieeffizienz steigern konnten, griffen dabei auf externe Fachleute zurück. Daran wird deutlich, wie wichtig Beratungsangebote für Mittelständler sind, da oftmals das Know-how und die personellen Ressourcen fehlen.

Zur Rolle der Energieversorger

Zunehmend Bedeutung bei der Umsetzung von Energie- und Umweltmaßnahmen erlangen die Energieversorger. Eine Umfrage der Energieagentur NRW hat ergeben, dass über 70% der Energieversorger in Nordrhein-Westfalen ihre Kunden aktiv beim Klimaschutz unterstützen. Dabei gewähren sie teilweise Zuschüsse von bis zu 10.000 € für Energieeffizienz und die Nutzung erneuerbarer Energien (MWME NRW 2008a).

Die Beratungs- und Wirtschaftsprüfungsgesellschaft PriceWaterhouseCoopers (PWC 2008) hat sich in einer Studie mit den Einschätzungen von Energieversorgern zur künftigen Entwicklung im Energiesektor beschäftigt. Fast 80% der Unternehmen messen insbesondere Energiespartechnologien große Bedeutung innerhalb der nächsten 10 Jahre bei. 59% der Befragten sehen für das Vorantreiben von Energieeffizienzmaßnahmen die Politik als Hauptverantwortlichen. Nur 18% der Versorger messen der eigenen Branche diese Rolle bei. Dies wirft u. E. die Frage auf, ob sich ein Großteil der Energiebranche zum einen seiner Verantwortung entziehen will. Zum anderen scheinen die Geschäftspotenziale, die sich durch eine Positionierung als Vorreiter auf diesem Gebiet ergeben, nicht positiv genug bewertet zu werden. Weiterhin konstatiert die Studie, dass 53% der europäischen Energieversorger aufgrund der verknappten Zertifikate im Rahmen des Emissionshandels nun ihre Emissionen gesenkt haben. Dies verdeutlicht den Stellenwert externer Einflüsse auf das Energie- und Umweltverhalten anschaulich. Ein interessanter Befund der Studie ist zudem, dass die Versorger zunehmend ernste Konkurrenz in energieintensiven Branchen sehen, die ihren Strom im eigenen Kraftwerk selbst erzeugen.

Auch die jährliche Studie „Stromversorger im Preis-Leistungs-Test" des Verbraucherportals für Energie Verivox (2008) gibt Aufschluss über das Energieeffizienz-Engagement der Energieversorger. Demnach halten 56% der untersuchten Anbieter Beratungsangebote zum Thema Energieeffizienz vor. Fast 70% der Unternehmen stellen überdies Informationen auf ihren Internetseiten zur Verfügung. Die angebotenen Informationen gehen jedoch häufig auf Dritte zurück, so dass insgesamt eine geringe Vielfalt bzw. hohe

Redundanz festzustellen war. Die untersuchten Angebote richten sich primär an Endverbraucher.

Zur Umsetzung in den Unternehmen

Ähnliche Erkenntnisse kann auch eine *„KfW-Befragung zu den Hemmnissen und Erfolgfaktoren von Energieeffizienz in Unternehmen"* (Brüggemann 2005) liefern. 60% der Befragten gaben an, sich mit dem Thema Energieeffizienz zu beschäftigen, wobei die Einsparpotenziale auch hier deutlich unterschätzt wurden. Konkrete Maßnahmen umgesetzt hatten jedoch nur 29%, wobei es sich auch hier hauptsächlich um Unternehmen mit hohem Energiekostenanteil handelte. Motive zur Ergreifung der Maßnahmen waren sodann auch in erster Linie Kosteneinsparungen (94%) sowie die steigenden Energiepreise (55%). Zur Finanzierung dieser Maßnahmen setzten 79% der Firmen Eigenmittel ein. Gerade kleinere Unternehmen griffen dabei jedoch auch häufig auf Bankkredite (42%) und öffentliche Förderangebote (39%) zurück. Dies verdeutlicht den Stellenwert finanzieller Förderung von Energieeffizienzmaßnahmen für Mittelständler. Faktoren, die der Umsetzung von Maßnahmen zur Steigerung der Energieeffizienz entgegenstehen sind v. a. finanzielle Restriktionen und Informationsdefizite. Begünstigende Faktoren hingegen sind erwartete Kosteneinsparungen, eine für Energie- und Umweltfragen sensibilisierte Geschäftsführung und öffentliche Fördermaßnahmen. So zeigt sich auch hier die Wichtigkeit von Programmen zur finanziellen Förderung und Beratung für mittelständische Unternehmen.

Kahlenborn und Freier (2006) haben sich in einer von BMU und UBA beauftragten Studie mit den – wie sie es benennen – niederschwelligen, für kleine und mittlere Unternehmen geeigneten Umweltmanagementkonzepten in Deutschland beschäftigt. Demnach haben lediglich 0,5% der Unternehmen in der Größenklasse zwischen 20 und 500 Mitarbeitern sowie 1% der Unternehmen in der Größenklasse zwischen 50 und 500 Mitarbeitern ein Umweltmanagement installiert. Die Erwartung der Autoren, dass diese Verbreitung bereits das Erreichen nennenswerter Marktanteile der Konzepte realistisch erscheinen lässt, können wir nicht teilen. In kleinen und mittleren Unternehmen wird es noch eine lange Zeit dauern, bis derartige EUM-Konzepte größere Verbreitung erlangen. Bis dahin bleibt es bei Einzelmaßnahmen. Weiterhin kommen Kahlenborn und Freier zu dem Schluss, dass sich die EUM-Konzepte aus der Praxis allesamt für kleine und mittlere Unternehmen gut eigenen, da sie im Idealfall zu einer umweltbezogenen Problemlösungskompetenz in den Unternehmen führen. Die Autoren stehen mit dieser Ansicht gegen die meisten Protagonisten der Fachdiskussion (s. o.).

Die mit Unterstützung der Europäischen Kommission unter Leitung von Peter Hennicke angefertigte *„Interdisziplinäre Analyse der erfolgreichen Umsetzung von Energieeffizienzmaßnahmen in Industrie, Dienstleistung und Gewerbe"* (Hennicke et al. 1998) bezieht neben betriebswirtschaftlichen Faktoren auch soziale und psychologische mit ein. Die Forscher kommen so zu dem Ergebnis, dass es sich bei der Realisierung von Energieeffizienzmaßnahmen um einen sozialen Prozess handelt. Dabei gibt es häufig eine Schlüsselfigur, die das Thema vorantreibt. Abhängig von der Unternehmenskultur ist die Förderung der generellen Motivation zur Steigerung der Energieeffizienz von essentieller Bedeutung. Stimuli, die zur Initiierung von Energieeffizienzmaßnahmen beitragen, können der Studie zufolge in interne und externe Impulse unterteilt werden. Speziell konkrete Probleme (z.B. in der Produktion – interner Impuls) und Druck von außen (z.B. durch die Gesetzgebung – externer Impuls) wirken sich direkt aus und tragen zur Umsetzung entsprechender Maßnahmen bei. Gerade im Anfangsstadium solcher Maßnahmen kommt externen Akteuren, die Energieeffizienz thematisieren, laut Hennicke et al. große Bedeutung zu. Überdies ist für die erfolgreiche Umsetzung der Maßnahmen die Stellung der Schlüsselfigur im Unternehmen Ausschlag gebend. Nur wenn diese eine gewisse Multiplikatorenrolle einnimmt und sie die Unternehmensleitung überzeugen kann, hat das Projekt Aussicht auf Erfolg. Wie auch in den zuvor zitierten Studien wird auf das Wissensdefizit kleiner und mittlerer Unternehmen und die daraus folgende Abhängigkeit von externen Hilfen und Beratungen hingewiesen. Zu denen in der Studie untersuchten Förderprogramme kommen die Wissenschaftler zu folgender Einschätzung: „Ökologisierung, Reduktion der Kohlendioxidemissionen, Energieeffizienz etc. sind Zielsetzungen, die in das KMU-spezifische Nutzenkalkül eingebunden werden sollten. Denn eine generelle Argumentation mit Hinweis auf finanzielle oder ökologische Vorteile spricht in der Regel diese Zielgruppe nicht direkt genug an" (Hennicke et al. 1998, 12f.). Weiterhin kommt die Analyse zu dem Schluss, dass die Entscheidung und Umsetzung einer Energieeffizienzmaßnahme einen komplexen sozialen Prozess zwischen verschiedenen internen und externen Akteuren im Unternehmen darstellt und somit keinesfalls ein isolierter rein betriebswirtschaftlich gesteuerter Vorgang ist. Für die Energiepolitik schlagen die Wissenschaftler daher eine duale Strategie vor. Einerseits solle direkt eingegriffen werden und Hemmnisse mittels politischer Instrumente und externer Akteure abgebaut werden. Andererseits sollen die Rahmenbedingungen, die Beziehungen zwischen den einzelnen Akteuren und die internen Unternehmensstrukturen verbessert werden, um künftige Aktivitäten zu stimulieren. Energieeffizienz müsse ferner in Zusammenhang mit anderen Themen und nicht als Einzelthema dargestellt werden.

	1. Fortgeschrittene Unternehmen	2. Motiviertes Management	3. Die Technische Lösung	4. Die Einsteiger
(teil)finanzierte Energieanalysen	*	***	*	***
Subventionen für Investitionen	*	*	**	*
Subventionen für Beratung	*	**	**	***
(Lokale) Netzwerke zur Informationsverbreitung	**	***	**	**
Steuern (auf CO_2 / Energie)	*	*	**	*
Drittfinanzierung	**	***	**	*
Öko-Audit / ISO 14001	**	***	*	*
Demonstrationsprojekte	*	**	**	**
Qualifizierung (z.B. Workshops)	*	**	*	*
Selbstverpflichtungen	***	**	*	*
Motivation / allg. Information (z.B. Broschüren)	*	**	**	*
Erwartete Wirkungen: *** hoch, ** mittel, * gering				

Tab. 2: Darstellung des Zusammenhangs von Firmentypen und ausgewählten Politikinstrumenten (Hennicke et al. 1998)

Außerdem verdeutlicht die empirische Untersuchung die Wichtigkeit von Energie- und Umweltmanagementsystemen zu Systematisierung und Institutionalisierung entsprechender Aktivitäten in den KMU. Finanzielle Anreize zur Implementierung von EUM seien kein ausschlaggebender Faktor. Viel wichtiger scheine die finanzielle Förderung der Beratungen als die der Investition selbst. Regionalen und lokalen Energieversorgern kommt der Studie zur Folge insbesondere die Rolle von Schlüsselakteuren innerhalb entsprechender Netzwerke zur Unterstützung von Energieeffizienzmaßnahmen zu. Überdies konnten Hennicke et al. vier verschieden Unternehmenstypen[5] identifizieren. Diese vier Typen unterscheiden sich teils stark in ihrer Motivation und ihrem Engagement für Energieeffizienz und reagieren daher auch unterschiedlich auf Fördermaßnahmen, wie die nebenstehende Tabelle zeigt. Abschließend konstatieren die Forscher, dass nur eine Kombination aus Anreizen und Sanktionen ein Erfolg versprechendes Instrumentenbündel zur Initiierung und Förderung von Energieeffizienzmaßnahmen in kleinen und mittleren Unternehmen darstellt.

Zur organisationalen Verankerung des Umweltmanagements in Unternehmen

In der bereits oben genannten empirischen Studie von 1998 (Werder / Nestler 1998) wurde auch die *„Organisation des Umweltschutzes im Mittelstand"* untersucht. Jenseits der deskriptiven Befunde hierzu, kommen die Autoren zu dem Ergebnis, dass der Umweltschutz im Kern Aufgabe eines jeden Mitarbeiters sein sollte, die zuverlässige Durchführung der damit zusammenhängenden Aufgaben jedoch vorzugsweise durch Fremdkontrolle gewährleistet werden sollte.

Abhängig von der Unternehmensgröße sowie dessen Umweltrelevanz werden trotz der vielfältigen individuellen Rahmenbedingungen in den Unternehmen drei idealtypische Organisationsformen identifiziert:

- Typ 1: Der *Umweltgeneralist* etabliert aufgrund seiner geringen Betriebsgröße und geringen Umweltrelevanz lediglich eine nebenamtliche oder periodische Umwelteinheit (z. B. Mitarbeiter) mit eher generalistischem Aufgabenspektrum.
- Typ 2: Große Mittelständler mit durchschnittlicher Umweltrelevanz und meist nur einem Standort nutzen ein *Umweltteam*. Dieses setzt sich aus z. T. haupt- und z. T. nebenamtlichen und / oder periodischen Umwelteinheiten (also Mitarbeitergruppen) zusammen. Dabei gibt es eine zentrale Einheit mit generalistischem Aufgabenspektrum sowie „dezentrale" Umweltspezialisten. Konzipierungs- und Konkretisierungsaufgaben obliegen primär den Spezialisten.
- Typ 3: Beim *Umweltnetzwerk* erfolgt die Einrichtung mehrer Einheiten, die mit Konzipierungsaufgaben für den Umweltschutz betraut sind. Mindestens eine der organisatorischen Einheiten (also auch Mitarbeiter/-gruppen) ist dabei hauptamtlich tätig. Die einzelnen Einheiten setzen sich zumeist aus einem zentral platzierten Umweltgeneralisten und wei-

[5] Für die Definition der vier Unternehmenstypen siehe Hennicke et al. 1998, S. 24f.

teren, teils dezentral platzierten Spezialisten zusammen. Diese sehr ausdifferenzierte Form findet sich vorwiegend in großen KMU mit mehreren Standorten und hohem Umweltrisiko.

Hennicke et al. (1998) stellen dazu fest, dass diese Organisationsformen allerdings nur dann implementierbar sind, wenn neben den planerischen auch persönliche Vorgaben die Mitarbeiter berücksichtigt werden. Dies wurde bereits in Kapitel 2.1 kommentiert.

Zur Wirkung der Energie- und Umweltpolitik

Mit den *„Auswirkungen der Ökologischen Steuerreform auf das Handwerk nach der fünften Stufe"* sowie den *„Energiekosten im Handwerk"* (Kornhardt 2006) hat man sich am Deutschen Handwerksinstitut in Göttingen beschäftigt. Man kommt hier zu dem Ergebnis, dass das Handwerk zu den Hauptverlierern der Ökologischen Steuerreform in der Endstufe gehört und sich die Belastung der Betriebe seit Einführung der Reform mehr als versiebenfacht hat. Den Rückgang des Kraftstoffverbrauchs seit Einführung der Reform führt Kornhardt weniger auf die Ökosteuer als vielmehr auf Preisbewegungen an den Weltölmärkten zurück. Daher wird auch für die Zukunft ein eher geringer Einfluss der Ökosteuer auf die nationalen Energiepreise gesehen. Am stärksten machten sich laut Kornhardt die Energiepreissteigerungen in den Verarbeitenden Handwerken (Strom) sowie Handwerksbetrieben, die Ihre Leistungen beim Kunden vor Ort erbringen und dafür einen entsprechenden Fuhrpark vorhalten müssen (Kraftstoff), bemerkbar. Gut ein Drittel der Energiekosten entfalle mittlerweile auf Kraftstoffe (Fuhrpark, motorbetriebene Maschinen). Der Anteil der Energiekosten an den Gesamtkosten im Handwerk sei in den letzten Jahren zwar stark gestiegen. Der Anteil der Energiekosten an den Gesamtkosten mache aber im Durchschnitt nur 3,5% aus und liege damit noch unterhalb einer kritischen Schwelle ab der die Kostenposition Energie innerhalb der Gesamtbilanz in den Fokus rücke und Einsparpotenziale realisiert würden. Gleichwohl seien die Energiesparpotenziale z. T. erheblich.

Ebenfalls zu erwähnen ist das *Forschungsprojekt INTUS* (Lang et al. 2004), welches sich mit Konzepten zur Einführung und Anwendung von Umweltcontrollinginstrumenten in Unternehmen beschäftigt hat. Neben detaillierten Erkenntnissen zur Operationalisierung von Instrumenten des Umweltcontrolling durch den Einsatz entsprechender Umweltinformationssysteme kommt die Studie zu der Schlussfolgerung, dass scheinbar auch beim betrieblichen Umweltmanagement das Prinzip des abnehmenden Grenznutzens gilt. Ferner wird aber vor allem auch im Bereich der Regulierung ein enormes Optimierungspotenzial gesehen, sofern ineffiziente Regelungen abgeschafft werden.

Weitere Befunde

Das Ministerium für Wirtschaft in Nordrhein-Westfahlen stellte aktuell und knapp fest, dass sich in jüngster Zeit Unternehmen verstärkt zu Energieeffizienzmaßnahmen beraten lassen. In Nordrhein-Westfalen seien demnach in den letzten Monaten 25% mehr Beratungen als im Vorjahreszeitraum erfolgt (MWME NRW 2008).

Ein überraschendes Ergebnis liefert eine Befragung von PriceWaterhouse-Coopers (PWC), und zwar dass die steigenden Energiepreise die Produktion in Deutschland stärken. Viele Unternehmen würden aufgrund gestiegener Logistikkosten vermehrt die Produktion im Inland favorisieren. Also erscheint allein der Markt schon Druck auf das energie- und umweltbewusste Verhalten der Unternehmen auszuüben (Kieser 2008).

Bewertendes Fazit

Obwohl Energie- und Umweltmanagement ein viel beachtetes Thema in Gesellschaft, Wirtschaft und Wissenschaft ist, und es auch eine Vielzahl von Studien hervor gebracht hat, sind nur wenige explizit zu KMU ausgeführt. Die zuvor genannten Studien konnten zwar Aufschluss über die Umsetzung von Energie- und Umweltmanagement in kleinen und mittleren Unternehmen, über Meinungen und über Befürchtungen im Mittelstand geben. Nur eine der Studien lieferte dabei allerdings Informationen über die Anwendung obiger Konzepte im Mittelstand. Überraschend war dabei insbesondere die geringe Verbreitung und damit Akzeptanz der angebotenen Konzepte in mittelständischen Unternehmen. Unter Berücksichtigung der Erkenntnisse von Hennicke et al. (1998) und Becke (2000) scheinen die Konzepte die Geschäftsführung aber auch die Mitarbeiter nicht zu erreichen. Ebenso wurde mehrfach gezeigt, dass der Haupttreiber für die Ergreifung von Energieeffizienz- und Umweltschutzmaßnahmen steigende Kosten sind. Dies unterstützt – wenn auch mit anderer Sicht – die Befragung von PWC.

Der Markt scheint demnach am stärksten Einfluss auf das Verhalten der Betriebe zu nehmen.

Die folgende Tabelle fasst zentrale Befunde der Studien zusammen und bewertet diese. Es können zusammenfassend folgende Erkenntnisse festgehalten werden:

- Energie- und umweltbewusstes Verhalten wird in mittelständischen Unternehmen große Priorität beigemessen.
- Dennoch werden die Potenziale unterschätzt und Maßnahmen nur von einem Teil der Unternehmen umgesetzt.
- Kosteneinsparungen und gesetzliche Vorgaben sind die wichtigsten Gründe für die Implementierung von Energieeffizienzmaßnahmen oder Umweltmanagementsystemen.
- Mangelnde finanzielle Ressourcen und fehlendes Know-how sind die wichtigsten Gründe gegen Energie- und Umweltmanagement.
- Die Umsetzung entsprechender Maßnahmen hängt häufig von einer Schlüsselfigur im Unternehmen ab.
- Konkrete Probleme/Anlässe überzeugen mittelständische Unternehmen am ehesten von Energie- und Umweltmaßnahmen.
- Die Energie- und Umweltpolitik darf die Wettbewerbsfähigkeit der Unternehmen nicht beeinträchtigen und muss deutliche ökonomische Anreize setzen.
- Energieversorger bieten größtenteils Unterstützung bei Energieeffizienzmaßnahmen an. Die Verantwortung für die weitere Förderung energieeffizienten Verhaltens sehen sie in der Mehrheit jedoch bei der Politik.

Quelle	Gegenstand	Zentrale Befunde
Initiative Unternehmer Perspektiven (Commerzbank)	Klimaschutz – Chancen und Herausforderungen für den Mittelstand	Mittelstand sieht Klimaschutz als eine der großen Herausforderungen an. Maßnahmen werden trotzdem noch zu wenig umgesetzt. Gründe sind die Unübersichtlichkeit der Fördeprogramme, Rechtsunsicherheit und zu lange Amortisationsfristen.
TechConsult	Trendbarometer für KMU	Energieeffizienz hat für 77% der Mittelstand große Bedeutung. Motivation für Energieeffizienz sind v. a. Kostenvorteile.
dena	Energieeffizienz in Unternehmen	Einsparpotenziale von rund 20% werden häufig unterschätzt. Externe Beratung ist enorm wichtig für Mittelständler, da häufig Know-how und Personal fehlen.
Energieagentur NRW	Energieeffizienzförderung durch Energieversorger	Über 70% der Energieversorger in NRW fördern Energieeffizienz mit eigenen Zuschüssen.
PWC	Entwicklungen im Energiesektor	Energieversorger sehen mehrheitlich den Staat als Hauptverantwortlichen für Energieeffizienzförderung.
Verivox	Stromversorger im Vergleich	Mehrheit der Energieversorger hat Beratungs- und Informationsangebote zu Energieeffizienz.
KfW (Brüggemann)	KfW-Befragung zu den Hemmnissen und Erfolgsfaktoren von Energieeffizienz in Unternehmen	Selbst in energieintensiven Branchen werden noch zu selten Effizienzmaßnahmen ergriffen. Aufgrund personeller und finanzieller Restriktionen sind Förderprogramme für Beratungen und Investitionen von großer Bedeutung.
Kahlenborn / Freier (BMU/UBA)	Umweltmanagementansätze in Deutschland	Nur 1% der Mittelständler nutzt ein Umweltmanagement. Für Kleinunternehmen haben derartige Konzepte gar keine Bedeutung. Niederschwellige Systeme eignen sich jedoch gut, um KMU Umweltproblemlösungskompetenz zu verschaffen.
Hennicke et al.	Analyse der erfolgreichen Umsetzung von Energieeffizienzmaßnahmen	Umsetzung von Energieeffizienzmaßnahmen muss als sozialer Prozess verstanden werden. Erfolg hängt meist von einer Schlüsselfigur ab. Interner Problemdruck und externe Vorgaben führten am ehesten zur Ergreifung von Energieeffizienzmaßnahmen.

Tab. 3: Zusammenfassende Befunde aus den Studien (Teil 1)

Quelle	Gegenstand	Zentrale Befunde
Werder/ Nestler	Organisation des Umweltschutzes im Mittelstand	Umweltschutz muss Aufgabe jedes Mitarbeiters sein, Kontrolle sollte extern erfolgen. Abhängig von der Unternehmensgröße erfolgt die Organisation des betrieblichen Umweltschutzes idealtypisch durch einen Umweltgeneralisten, ein Umweltteam oder im Umweltnetzwerk.
Kornhardt (DHI)	Auswirkungen der ökologischen Steuerreform auf das Handwerk nach der fünften Stufe	Handwerk leidet unter Ökosteuer. Stärker als diese wirken sich aber der Energiemarkt und die steigenden Preise auf das Handwerk aus. Der Anteil der Energiekosten an den Gesamtkosten liegt jedoch noch unterhalb einer kritischen Schwelle, ab der die Betriebe sich mehr um Energieeffizienz bemühen.
Lang et al. (INTUS)	Einführung und Anwendung von Umweltcontrolling in Unternehmen	Prinzip des abnehmenden Grenznutzens gilt auch für betriebliches Umweltmanagement. Optimierungspotenziale liegen v. a. im Bereich der staatlichen Regulierung.
PWC (Kieser)	Energiepreise und Standortwahl	Steigende Energiepreise veranlassen Unternehmen zur heimischen Produktion.

Tab. 3: Zusammenfassende Befunde aus den Studien (Teil 2)

2.4 Meinungen und Statements zum Energie- und Umweltmanagement

Jenseits der wissenschaftlichen Publikationen und der empirischen Realität findet sich – schon aufgrund der Aktualität und Prominenz der Thematik – eine Vielzahl weiterer Aussagen zum Energie- und Umweltmanagement: Meinungsbehaftete Pressebeiträge oder offizielle Meinungsäußerungen bzw. Stellungnahmen von Verbänden und sich politisch äußernden Institutionen. Einige davon sollen hier – aufgrund ihres Mittelstandsbezugs oder ihrer inhaltlichen Relevanz – nicht unerwähnt bleiben.

Zur Energie- und Umweltpolitik und Gesetzgebung

Der *Deutsche Industrie und Handelskammertag (DIHK)* spricht sich strikt gegen eine Ausweitung der Ökobesteuerung aus, da hier die fiskalpolitischen Ziele mit der ökologischen Lenkungsfunktion konkurrieren und sich dieses Instrument nicht für eine ausreichend sichere Erreichung ökologischer Zeile eignet. Weiterhin werden marktwirtschaftliche Instrumente als sinnvolle Ergänzung und Unterstützung des Ordnungsrechts im umweltpolitischen Kontext gesehen. Gerade KMU könnten befristete ökonomische Anreize dabei helfen, die Hürden hoher Informations- bzw. Transaktionskosten bei der Inanspruchnahme umweltfreundlicher Produkte oder Dienstleitungen zu überwinden (DIHK 2007).

Der *Zentralverband des deutschen Handwerks (ZDH)* fordert eine weitgehende wettbewerbliche Ausgestaltung der Energiemärkte und die Beschränkung der staatlichen Regulierung auf die Kontrolle natürlicher Monopole. Weiterhin müsse die bisherige Diskriminierung des Mittelstands im Vergleich zu Großunternehmen durch die Ökosteuer beseitigt und eine weitere Mehrbelastung verhindert werden.

Um die vielfach noch beträchtlichen Energiesparpotenziale im Handwerk zu erschließen wird eine verstärkte Beratung bei entsprechender Förderung gefordert und insbesondere auf die Beratungskompetenzen im Handwerk und seinen Organisationen hingewiesen (ZDH 2006).

Der *Bundesverband der Selbständigen e.V.* plädiert zum einen für eine mittelfristige Abschaffung der Ökosteuer und stellt zudem Forderung in Zusammenhang mit der Feinstaubverordnung (BDS 2008): „Zur Entschärfung der derzeit vorgesehenen Regelungen für Betriebe, die sich eine Umrüstung derzeit nicht leisten oder deren Fahrzeuge auch aus technischen Gründen nicht umgerüstet werden können, fordern wir folgende Alternativen:

- Ausnahmegenehmigungen für Fahrzeuge, die nachweislich nicht mit Russpartikelfiltern und Katalysatoren umgerüstet werden können bzw. deren Umrüstungskosten in keinem Verhältnis zum Alter des Fahrzeugs stehen oder
- Übergangsfristen für kleine Betriebe, die auf diese Fahrzeuge angewiesen sind und die durch den Zwang zu sofortigem Umrüsten oder sogar Neuanschaffungen in ihrer Existenz bedroht wären."

Deutliche Forderungen stellt auch die *Arbeitsgemeinschaft Mittelstand* in ihrem Jahresmittelstandsbericht (Alber et al. 2008). Die Arbeitsgemeinschaft setzt sich aus insgesamt neun Branchenverbänden zusammen und spricht somit für eine Vielzahl von mittelständischen Unternehmen. Sie plädiert u. a. für…

- eine Entlastung (auch) mittelständischer Unternehmen von energie- und klimaschutzpolitisch begründeten bzw. verursachten Energiepreisaufschlägen,
- eine stärkere Unterstützung bei Energieeffizienzmaßnahmen in KMU,
- und die Vermeidung einer „ökologischen Industriepolitik".

Heymann (2007), Analyst bei Deutsche Bank Research, zeigt in einer qualitativen Analyse, dass sich die regulatorisch-marktwirtschaftlichen Dimensionen des Klimawandels in den meisten Branchen wesentlich früher abzeichnen als die klimatisch-natürlichen. Die eigentliche Herausforderung für Unternehmen ist damit nicht der Klimawandel selbst, sondern die durch in ausgelösten Reaktionen in Politik und Wirtschaft. Daher sei es an der Politik, klimapolitische Maßnahmen frühzeitig anzukündigen, um den Unternehmen Planungssicherheit zu geben. So könnten sich diese leichter und effizienter auf die anstehenden Aufgaben des Klimawandels einstellen.

Kommentare zu Konzepten zum Energie- und Umweltmanagement

Sinn und Nutzen sowie die praktische Umsetzbarkeit von Umweltmanagementsystemen werden besonders in der Wirtschaft heftig diskutiert. Die Idee hinter den Umweltmanagementsystemen EMAS und ISO 14001 beschreibt der Kasseler Umweltmanagement-Professor *Freimann* (2001, S. 6) wie folgt: „Es geht nicht um die Auszeichnung besonders umweltaktiver Pionierunternehmen, sondern um das Anstoßen von selbsttragenden ökologischen Innovationsprozessen in einer möglichst großen Zahl von Unternehmen, unabhängig vom bisher erreichten Stand des betrieblichen Umweltschutzes." Weiterhin konstatiert Freimann, dass viele Instrumente des Umweltmanagements kaum Verbreitung in der Praxis finden, obwohl ihre Brauchbarkeit unter Beweis gestellt wurde. Es besteht hier nach Freimann eine „Anwendungslücke". In der Unternehmenspraxis würde Umweltengagement nicht genug honoriert. Die Machtpromotoren in den Unternehmen setzten überdies ohne äußeren Druck andere Prioritäten (Freimann 2003).

Das Umweltbundesamt konstatiert: Ebenso seien die Umweltmanagementsysteme eher für große und mittelständische Unternehmen geeignet als für kleine. Die organisatorischen Kosten und der bürokratische Aufwand seien teilweise einfach zu groß. Jedoch würden Umweltmanagementsysteme eine gewisse „Zieldynamik" mit sich bringen und langfristig bewirkten sie so möglicherweise eine ökologisch orientierte Unternehmensführung, die aus einem entsprechenden brancheninternen Wettbewerb resultiere (vgl. Bundesumweltministerium / Umweltbundesamt 2000).

Meinungen zu Energieversorgern

Auch die Energieversorgungsunternehmen werden in Meinungsäußerungen zum Energie- und Umweltmanagement berücksichtigt. Allerdings finden sich explizite Aussagen hierzu selten, trotz einer großen Fülle von wirtschaftsöffentlich und populär geäußerten Meinungen insbesondere zur generell geführten Diskussion über die Energiekosten. Das Nachrichtenmagazin der Spiegel (SPIEGEL 2007) zitiert so z. B. eine Emnid-Umfrage mit dem Titel „Preisfrust – Fast jeder Zweite will Energieversorger wechseln".

Fasst man diese primär in der Presse geäußerten und daher mit Bedacht zu bewertenden Meinungen zusammen, so wird kritisch angemerkt, dass die Energieversorger kein originäres Interesse an der Minderung des Energieverbrauches in Deutschland hätten und daher zu wenige Anreize bieten jenseits einer – mitunter polemisch vorgetragenen – Preistreiberei. Auch würden die Unternehmen selbst nur widerwillig und nachrangig hinter wirtschaftlichen Interessen ihre Kraftwerke umweltfreundlicher gestalten. Allerdings geht derzeit letztere Aussage in der spezifischen Diskussion über das Für und Wider von Atomkraftwerken unter.

Während Wulf Bernotat, Vorstandsvorsitzender des Energieversorgers E.on, umgekehrt den Staat als Preistreiber bezeichnet, weist Umweltminister Gabriel diese Vorwürfe zurück. Er sieht die Energiepreissteigerungen v. a. im mangelnden Wettbewerb am Strommarkt begründet. Auch Claudia Kemfert vom Deutschen Institut für Wirtschaftsforschung (DIW) findet die Preissteigerungen nicht nachvollziehbar. Ihres Erachtens kompensieren die Netzbetreiber damit zuvor von der Bundesnetzagentur gekürzte Netzentgelte (WELT 2007).

Bewertendes Fazit

Die genannten Stellungnahmen sind primär durch politische Interessenvertreter bzw. ihrer Verbände geprägt. In diesem Lichte sind diese „Meinungen" zu sehen. Gleichwohl zeigen sie, welche Meinungen den Unternehmen vermittelt und welche Entwicklungen in Deutschland gefordert werden. Als prominente Äußerungen bestimmen sie das Meinungsbild in der Wirtschaft, der Gesellschaft und der Politik. Dazu können wir festhalten:

- Die bisherige Energie- und Klimapolitik stößt z. T. auf starke Kritik bei den Unternehmensverbänden. Ein zentraler Grund sind die erwarteten zusätzlichen Belastungen.
- Es wird wie auch zuvor in den Studien geäußert festgestellt, dass primär ökonomische Anreize (z.B. Förderungen) und wirtschaftlicher Druck (z.B. steigende Energiepreise) und gesetzlicher Zwang die Unternehmen zur Ergreifung von Energieeffizienz- und Umweltschutzmaßnahmen veranlassen.
- Die vorhanden Energie- und Umweltmanagementkonzepte besitzen bei KMU vielfach nicht die nötige Akzeptanz. Daher muss die Akzeptanz der Konzepte in den Unternehmen und die Honorierung ihrer Umsetzung von außerhalb der Unternehmen stärker gefördert werden.
- Besonders die Energieversorgungsunternehmen stehen aufgrund der Preissteigerungen in der Kritik. Gleichzeitig sehen sie eher den Staat als sich als verantwortliche Kraft zu mehr Energie- und Umweltmanagement an (s. o.). Hieraus bietet sich aber dem einzelnen Energieversorger eine besondere Chance: Eine authentische Positionierung als helfender und glaubwürdiger Partner des Mittelstands bei der Umsetzung von Energieeffizienz- und Umweltschutzmaßnahmen.

3 Aktuelle Entwicklungen zum EUM im Mittelstand

Kernaussagen dieses Kapitels:

- KMU stehen heute unter massivem Druck ihr Energie- und Umweltverhalten zu verändern.
- Treibende Kräfte sind v. a. die steigenden Energiepreise, gesellschaftliche Erwartungen und gesetzliche Vorgaben.
- Die geschätzten Kosten- und Energie-Einsparpotenziale liegen hierbei bei durchschnittlich 20 Prozent.
- Eine Vielzahl von Gesetzen, Verordnungen und Richtlinien müssen von Unternehmen beachtet werden. Einige wenige wirken sich auch direkt und unmittelbar auf die Performance aus.
- Aus betriebswirtschaftlicher Sicht sollten v. a. das BImSchG, die Öko-Steuer, die Feinstaubverordnung, das USchadG, das EEG und das KrW-/AbfG beachtet werden.
- Gesetze und Verordnungen erreichen jedoch keine intrinsische Motivation zum EUM bei den Unternehmen!

3.1 Grundsätzliche Entwicklungen

Es ist offensichtlich, auch kleine und mittlere Unternehmen sind gezwungen, ihr Energie- und Umweltverhalten zu überdenken, sie geraten dabei in ein wachsendes Spannungsfeld:

Energiekosten

Direkt sichtbar sind da zunächst die schnell steigenden Energiekosten. Die Energiepreise werden zumindest mittelfristig weiter steigen und damit ist Energieeffizienz zunehmend ein zentraler Wettbewerbsfaktor. Forscher des HWWI prognostizieren bis zum Jahr 2030 jährliche Preissteigerungen für die fossilen Energieträger Öl, Gas und Kohle von 4,3%, 4% und 3%. Diese Raten könnten aber durch eine gesamtgesellschaftliche Energiesparpolitik gemindert werden, so das HWWI (erreichbar seien für Öl 3,9% p. a., für Gas 3,6% p. a. und für Kohle 2,7% p. a. (Bräuninger 2005, S. 31ff.). Daher sei es für die Unternehmen auch aus betriebswirtschaftlicher Sicht offensichtlich und lohnend, sich am energieeffizienten Wirtschaften zu beteiligen und so die sich potenziell ergebenden Kosteneinsparungen im gewerblichen Bereich zu erreichen.

Somit ergibt sich speziell für mittelständische Unternehmen die Notwendigkeit, professionelles Energie- und Umweltmanagement zu betreiben, um so den gesetzlichen Vorgaben aber auch den ökonomischen Erfordernissen Rechnung zu tragen. Gerade kleine und mittlere Unternehmen unterschätzen zu häufig das vorhandene Kosten- und Energie-Einsparpotenzial, das dort durchschnittlich bei 20% liegt (vgl. Brüggemann 2005, S. 19, dena 2008a).

Besonders in der verarbeitenden Industrie ist Energie einer der wesentlichen Inputfaktoren. So haben bereits die Preissteigerungen in der Vergangenheit gemeinsam mit weiteren Faktoren dort dazu geführt, dass die Energieproduktivität (gesamtwirtschaftliche Energieproduktivität ist das Verhältnis des preisbereinigten Bruttoinlandsproduktes zum Primärenergieverbrauch) von 1995 bis 2005 um 16% gestiegen ist. Das reicht allerdings noch nicht aus, um das von der Politik gesetzte Ziel einer Verdoppelung der Energieproduktivität zwischen 1990 und 2020 zu erreichen (vgl. Bayer 2006, S. 42).

Veränderte Sicht von Öffentlichkeit und Verbraucher auf die Unternehmen

Im Mittelpunkt der öffentlichen Diskussion zum Klimawandel steht die Erwärmung der Atmosphäre insbesondere durch Treibhausgase. Öffentlichkeit und Verbraucher sind damit zunehmend auf die Produktion von Treibhausgasen und deren Vermeidung sensibilisiert. In diesem Lichte werden auch die Unternehmen in der Öffentlichkeit und von Verbrauchern kritisch beobachtet, es verändert sich der Blick auf die Unternehmen: Verbraucher achten verstärkt auf die Umweltwirkung der von ihnen konsumierten Produkte und auf deren Produktion, so dass Klima- und Umweltschutz zu einem Argument im Marketing der Unternehmen wird. Umwelt- und Klimaschutz gewinnt somit für die Wertschöpfung in den Unternehmen erheblich an Bedeutung.

Die Unternehmensberatung McKinsey & Co. stellte jüngst in Ihrer Studie „Kosten und Potenziale der Vermeidung von Treibhausgasemissionen in Deutschland" die Steigerung der Energieeffizienz als wichtigsten Hebel zur Reduzierung der Treibhausgasemissionen heraus (McKinsey 2007). In diesem Sinne werden die Unternehmen in der Öffentlichkeit nicht mehr nur direkt an ihren Maßnahmen zum Schutze der Umwelt bewertet, sondern auch vermehrt daran, ob sie auch energieeffizient wertschöpfen.

Zunehmende gesetzliche Vorgaben zur Energieeinsparung und zum Umweltschutz und neue Förderprogramme

Zudem nimmt die gesetzliche Regelungsdichte weiter zu. Neue Gesetze und Verordnungen, oftmals auf Ebene der Europäischen Union initiiert und dann zwangsweise in nationales Recht umgesetzt, zwingt Unternehmen zu umweltschonendem Handeln und können bei Missachtung entsprechende Rechtsfolgen nach sich ziehen (z. B. die neuen Biodiversifitätsbestimmungen). Dem gegenüber werden neue Förderprogramme aufgelegt, die die Unternehmen auch nutzen sollten, um im Wettbewerb mit Konkurrenten bestehen zu können. Auf beide Aspekte – gesetzliche Regelungen und Förderprogramme – wird nunmehr tiefer eingegangen.

3.2 Gesetze und Verordnungen – Stand und Trends

Insbesondere durch die europäische Integration forciert, müssen sich mittelständische Unternehmen im Geschäftsalltag immer wieder mit neuen gesetzlichen Regelungen auch zu Energieeinsparung und Umweltschutz auseinandersetzen.

Es besteht bereits eine Fülle von direkten gesetzlichen Vorgaben, deren Einhaltung in der betrieblichen Praxis zwingend notwendig ist. Überdies finden sich weitere Regelungen, die Unternehmen u. U. indirekt treffen und somit auch beachtet werden müssen. Denn neben „Klassikern" wie dem Bundes-Immissionsschutz-Gesetz sind gerade in den letzten Jahren eine ganze Reihe neuer Regelungen entstanden.

Die wichtigsten davon sind nachfolgend aufgeführt und werden in ihrer Bedeutung für die betriebliche Praxis bewertet. Dabei kann unterschieden werden zwischen ...

- gesetzliche Bestimmungen, die sich auf den Umgang des Unternehmens mit Energie und Umwelt auswirken und solche,
- die sich primär auf die angebotenen Leistungen und Produkte der Unternehmen beziehen, also indirekt das betriebliche Energie- und Umweltmanagement ansprechen.

Weiterhin wird hier zwischen bestehenden Bestimmungen und in Zukunft in Kraft tretende Regelungen – im Sinne von „Trends" unterschieden.

Bestehende Regelwerke zum Umgang der Unternehmen mit Energie und Umwelt

- *Bundes-Immissionsschutz-Gesetz (BImSchG)*

  Das Gesetz zum Schutz vor schädlichen Umwelteinwirkungen durch Luftverunreinigungen, Geräusche, Erschütterungen und ähnlichen Vorgängen (kurz: Bundes-Immissionsschutz-Gesetz) ist innerhalb des Umweltrechts eines der wichtigsten Gesetze und hat besonders für die unternehmerische Praxis große Bedeutung. Es besteht bereits seit 1974 und wurde im Verlauf der Jahre mehrfach angepasst und geändert. Das Gesetz befasst sich mit verschiedenen Formen von Umwelteinwirkungen, primär Emissionen. Das BImSchG regelt die grundsätzlichen Anforderungen an den Emissionsschutz, während eine Vielzahl von Durchführungsverordnungen (BImSchV) diese Vorgaben für ausgewählte Anlagen, deren Genehmigung und Überwachung konkretisieren. Besondere Relevanz besitzt das Gesetz damit für mittelständische Betreiber bestimmter dem Immissionsschutz unterliegender Anlagen. Da es sich um ein seit langem bestehende Vorschriftenwerk handelt, ist dessen Befolgung in den betroffenen Unternehmen allerdings geübte Praxis. Weitere Ausführungen hierzu finden sich im und zum Gesetzestext u. a. hier: http://www.gesetze-im-internet. de/bimschg/index.html.

- *Treibhausgas-Emissionshandelsgesetz (TEHG) und Zuteilungsgesetz 2012 (ZuG 2012)*

  Das Treibhausgas-Emissionshandelsgesetz vom 08. Juli 2004 ist die gesetzliche Grundlage für den Handel mit Treibhausgasemissions-Zertifikaten. Unternehmen mit Kohlendioxid emittierenden Anlagen müssen demnach über entsprechende Berechtigungen verfügen, die nach einem Zuteilungsplan von der Bundesregierung verteilt wurden (Emissionsrechte). Wird die zugeteilte Menge emittierenden Kohlendioxids von einem Unternehmen überschritten, so muss es Emissionsrechte hinzukaufen, ist also mit weiteren Kosten belastet. Entlastet werden hingegen die Unternehmen, die weniger Kohlendioxid emittieren, als sie aus den zugeteilten Emissionsrechten heraus dürften. Denn diese Unternehmen können die nicht verwendeten Emissionsrechte veräußern. So entsteht ein nationaler und internationaler Emissionsrechtehandel. Der Handel mit den Emissionsrechten zielt auf eine effiziente und dabei administrativ einfache Verringerung der Treibhausgase zum Ziel des Klimaschutzes ab. Für die meisten mittelständischen Unternehmen gleichwohl besitzt der Handel mit Emissionsrechten keine Bedeutung, da ihre Emissionsmengen unterhalb der Freigrenzen liegen. Für diejenigen Unternehmen allerdings, die aufgrund ihrer Tätigkeit Emissionsrechte benötigen, birgt das System die Gefahr zusätzlicher Kosten, nicht nur, wenn die zugeteilten Mengen überschritten werden, sondern auch wenn die Emissionsrechte zukünftig nicht mehr kostenfrei zugeteilt werden sollten. Dies ist derzeit in der Diskussion. Daher sollten diese Unternehmen frühzeitig Investitionen in Emissionen senkende Betriebsanlagen tätigen. Weitere Ausführungen hierzu finden sich im und zum Gesetzestext des TEHG u. a. hier: http://www.gesetze-im-internet.de/tehg/index.html sowie Zuteilungsgesetz 2012 (ZuG 2012): http://www.gesetze-im-internet.de/bundesrecht/zug_2012/gesamt.pdf

- *Öko-Steuer*

  Bei der Öko-Steuer (Ökologische Steuerreform) handelt es sich um eine (Mengen-)Steuer auf den Energieverbrauch und die Belastung der Umwelt (nicht nur) durch die Unternehmen. Seit 1999 wurden dazu mehrere Steuergesetze in Kraft gesetzt: Das Gesetz zum Einstieg in die ökologische Steuerreform vom 24. März 1999 ist eine Stromverbrauchsteuer die alle entsprechenden Energieträgern außer den ausgewählten regenerativen Quellen. Im gleichen Zuge und in den Jahren danach wurde auch die Mineralölsteuer erhöht. Während die Steuern die Verbraucher in voller Höhe treffen, erhalten Großverbraucher aus der Industrie und Gewerbebetriebe gemäßigte Steuersätze. Um Wettbewerbsnachteile für energieintensive Branchen zu vermeiden, gewährt der Gesetzgeber bestimmten Betrieben einen ermäßigten Steuersatz bei Überschreitung eines Sockelbetrages. Überdies wird Unternehmen, deren Belastung durch die Ökosteuer die Entlastung bei den Rentenversicherungsbeiträgen einfach überschreitet, im Rahmen des so genannten Spitzenausgleiches 95% des darüber hinausgehenden Betrages erstattet. Das Gesetz wurden in den letzten Jahren mehrfach überarbeitet, eine Befreiung für besonders effiziente Kraftwerke aber auch weitere Erhöhungen der Mineralölsteuer waren die Folge. Die vereinnahmten Steuern gelangen allerdings nur zum Teil in die Förderung von mehr Umweltschutz oder Energieeinsparung, sondern werden vielmehr zur Senkung der Rentenversicherungsbeiträge genutzt. Nur etwa 100 Mio. € der 16 Mrd. € Einnahmen gelange in die Förderung erneuerbarer Energie, der energetischen Gebäudesanierung und die Haushaltkonsolidierung. Sinn und Nutzen der Ökosteuer werden insbesondere in der Wirtschaft stark diskutiert und auch kritisiert, (UBA 2002). Gleichwohl können sich die mittelständischen Unternehmen der Steuer nicht entziehen, auch motiviert die Senkung der prozentualen Belastung bei Mehrverbrauch wenig zur Energieeinsparung. Ökosteuer-Vergünstigungen als Anreiz für die Implementierung eines Energie- und Umweltmanagements hingegen, könnten entsprechende Anreize schaffen. Weitere Ausführungen hierzu finden sich u. a. in der Entscheidung des Bundesverfassungsgerichtes zur Ökosteuer: http://www.bundesverfassungsgericht.de/entscheidungen.

- *Feinstaubverordnung und Umweltzonen*

  Die Verordnung zum Erlass und zur Änderung von Vorschriften über die Kennzeichnung emissionsarmer Kraftfahrzeuge (Feinstaubverordnung) trat in Deutschland am 01. März 2007 in Kraft. Auf ihrer Grundlage haben bereits mehrere deutsche Städte so genannte Umweltzonen eingeführt, in die zum Zwecke der Senkung der Feinstaubbelastung in der Innenstadt nur noch Fahrzeuge bestimmter Schadstoffgruppen einfahren dürfen. Daraus hat sich gerade für kleine und mittlere Unternehmen, wie z. B. Handwerksbetriebe, ein erhebliches betriebswirtschaftliches Problem ergeben. Denn vielfach besteht der Fuhrpark solcher Betriebe aus älteren (Diesel-)Fahrzeugen. Diesen bleibt die Einfahrt in die Innenstadt, etwa für Kundenbesuche, verwährt. Eine teure Umrüstung oder die Anschaffung neuer Fahrzeuge ist jedoch aufgrund knapper finanzieller Ressourcen in den Betrieben nicht immer möglich. Lösungen sind derzeit in der Diskussion, aber noch nicht generell eingeführt. Ein Ausweg ist der Übergang zu geleasten Fuhrparks, die schneller erneuert werden. Dies bedeutet aber i. d. R. zusätzliche Kosten und ist nur dann sinnvoll, wenn eine mehrere Fahrzeuge eingesetzt werden. Kritiker konstatieren zudem, dass die Umweltzonen bislang keine Entlastung zeigen und auch Alternativ-Konzepte wie die Citymaut scheinen für Deutschland eher ungeeignet (Institut der deutsche Wirtschaft Köln 2008a und 2008b). Für die kleinen und mittleren Betriebe verbleibt damit aktuell eine große wirtschaftliche Unsicherheit. Weitere Ausführungen hierzu finden sich im und zum Gesetzestext u. a. hier: http://217. 160.60.235/BGBL/bgbl1f/bgbl106s2218.pdf.

- *Umweltrecht, Umweltschadensgesetz (USchadG) und Umwelthaftungsgesetz (UmweltHG)*

  Das Umweltschadensgesetz geht auf eine Richtlinie der EU zurück, die in nationales Recht umgesetzt wurde und am 14. November 2007 in Kraft getreten ist. Das Gesetz regelt die Vermeidung und Sanierung von Schäden an Wasser, Boden und Natur. Daneben existiert das bereits seit 1991 bestehende Umwelthaftungsgesetz, welches die Haftung für Personenschäden und Schäden an fremdem Eigentum regelt. Hier hinzuzurechnen sind auch die Vorschriften und Rechtsnormen des deutschen Umweltrechts. Aus dem neuen Umweltschadensgesetz ergibt sich für verantwortliche Unternehmen eine Reihe von Pflichten, denen sie nachkommen müssen. Dazu gehören z. B. ...

  - die Informationspflicht über unmittelbar bevorstehende oder bereits eingetretene Umweltschäden,
  - die Gefahrenabwehrpflicht für Umweltschäden,
  - die Pflicht zur Schadensbegrenzung und Sanierung sowie
  - die Kosten der Vermeidungs- und Sanierungsmaßnahmen.

Das bedeutet eine Verkomplizierung des bestehenden Umweltrechts und weitergehende Haftungsrisiken für Unternehmen. Dies trifft besonders die kleinen und mittleren Unternehmen, die i. d. R. keine eigenen Rechtsabteilungen besitzen und daher auf kostenpflichtige externe Ratgeber ggf. auch Versicherungen zurückgreifen müssen. Gleichwohl legt gerade diese neue Gesetzeslage den mittelständischen Unternehmen ein professionelles Umweltmanagement nahe, in dem die Kontrolle etwaiger Umweltrisiken eingebunden ist (Umweltrisikomanagement) (Hüwels 2007). Weitere Ausführungen hierzu finden sich im und zum Gesetzestext u. a. hier: http://www.gesetze-im-internet.de/umwelthg/ index.html; http://www.gesetze-im-internet.de/uschadg/index.html.

Indirekt auf das Energie- und Umweltmanagement wirkende, bestehende Verordnungen und Rechtsnormen

- *Energieeinsparungsgesetz (EnEG) und Energieeinsparverordnung (EnEV)*

  Das Energieeinspargesetz ermächtigt die Bundesregierung zum Erlass von Verordnungen zur Energieeinsparung wie z. B. der EnEV, der Energieeinsparverordnung. Diese ist seit dem 01. Februar 2002 in Kraft und zielt auf die Begrenzung des Primärenergiebedarfs für die Beheizung von Gebäuden und die Warmwasserbereitung ab. Ein Entwurf zur Novellierung der EnEV wurde am 18. Juni 2008 bereits vom Kabinett beschlossen. Dieser sieht eine Erhöhung der Anforderungen an Neubauten sowie bei der Gebäudesanierung um jeweils 30% vor. Daraus ergibt sich sowohl im privaten als auch im gewerblichen Bereich der Zwang zur „energetischen Gebäudesanierung", also auch gewerblichen Gebäuden. In dessen Folge können für die Unternehmen zwar Investitionen notwendig werden, andererseits führen diese aber auch zu einer gesteigerten Energieeffizienz und damit Kostensenkung im Betrieb. Zudem können sich Handwerk und Baugewerbe über zusätzliche Aufträge freuen. Weitere Ausführungen hierzu finden sich im und zum Gesetzestext u. a. hier: http://www.gesetze-im-internet.de/eneg/index.html; http://www.gesetze-im-internet.de/enev_2007/index.html.

- *Energieverbrauchskennzeichnungsgesetz (EnVKG), Energieverbrauchskennzeichnungsverordnung (EnVKV), und Verordnung über Energieverbrauchshöchstwerte von Geräten (EnVHV)*

  Das EnVKG vom 30. Januar 2002 ist eine nationale Rechtsnorm als Umsetzung der EU-Rahmenrichtlinie zur Energieverbrauchskennzeichnung. Es machte den Erlass der Energieverbrauchskennzeichnungsverordnung

(EnVKV) und der Energieverbrauchshöchstwerteverordnung (EnVHV) möglich. Betriebliches Energie- und Umweltmanagement muss in Folge dieser Verordnungen an den Produkten der Unternehmen ansetzen. Es ist zu erwarten, dass diese Verordnung schrittweise auf weitere Produkte ausgeweitet wird.

- Die EnVKV vom 30. Oktober 1997 verpflichtet Lieferanten und Händler von ausgewählten Haushaltsgerätegruppen ihre Produkte mit so genannten Energielabeln und Datenblättern zu kennzeichnen. Natürlich betrifft diese Verordnung damit primär die Produzenten von Haushaltsgeräten unter den kleinen und mittleren Unternehmen. Sie sehen sich – wenn auch überschaubare – zusätzlichen Kosten der Messung, Abnahme und Kennzeichnung gegenüber. Allerdings bietet sich mit der Kennzeichnung guter Geräte auch ein Marketingargument gegenüber den Kunden.
- Die Verordnung über Energieverbrauchshöchstwerte (EnVHV) vom 06. Dezember 2002 setzt Grenzen für den Energieverbrauch netzbetriebener Haushaltskühl- und Gefriergeräte. Dies verlangt zum einen ggf. die Verbesserung der Produkte eines Unternehmens wie auch den Nachweis, dass die Grenzwerte eingehalten werden. Dies verursacht selbstverständlich zusätzliche Kosten.

Die Nichtkennzeichnung oder das „Inverkehrbringen" von Geräten, die die Energieverbrauchshöchstwerte überschreiten, werden als Ordnungswidrigkeit behandelt und entsprechend geahndet. Weitere Ausführungen hierzu finden sich u. a. hier: http://www.gesetze-im-internet.de/envkg/index.html; http://www. gesetze-im-internet.de/envkv/index.html; http://www.gesetze-im-internet.de /en vhv/index.html. Vgl. außerdem Prösler et al. 2008.

- *Wasserhaushaltsgesetz (WHG)*

Das Wasserhaushaltgesetz regelt die Nutzung und den Schutz der Ressource Wasser. Daraus ergeben sich für Unternehmen Bestimmungen zum Umgang mit Trink- und Brauchwasser sowie Gewässern. Detaillierte Informationen finden sich u. a. im Text des WHG: http://bundesrecht.juris.de/bundesrecht/whg/ index.html.

- *Gesetz für den Vorrang erneuerbarer Energien (EEG)*

Mit dem EEG vom 21. Juli 2004 sollen Anreize zu Investitionen in erneuerbare Energien gegeben werden. Es soll ferner dazu beitragen, den Anteil erneuerbarer Energie an der Gesamtstromversorgung in Deutschland bis 2010 auf 12,5% und bis 2020 auf 20% zu steigern. Mit der Novellierung und Verabschiedung des Gesetzes am 06. Juni 2008 wurde das Ziel für 2020 auf 30% angehoben und dazu die Fördersätze (Ausnahme Photovoltaik) erhöht. Das Gesetz wirkt sich indirekt über die „Erneuerbare-Energien-Umlage“ auf die Unternehmen aus. Mit dieser Umlage werden die Kosten für die Förderprogramme des EEG finanziert. Die Unternehmen können sich – unabhängig vom Stand ihres eigenen Energie- und Umweltmanagements – nicht der Umlage entziehen. Die Industrie zahlt grundsätzlich die volle Umlage, lediglich energieintensive Unternehmen erhalten durch eine Härtefall-Regelung eine Vergünstigung. Andererseits können Unternehmen die aus der Umlage finanzierten Förderungen für Investitionen in Technologien (die sich erneuerbare Energie zu Nutze machen) in Anspruch nehmen. Aber dies wiederum ist dann auch Bestandteil des betrieblichen Energie- und Umweltmanagements. Weitere Informationen finden sich u. a. im Gesetzestext unter: http://www.gesetze-im-internet.de/eeg_2004/ index.html.

- *Elektro- und Eletronikgerätegesetz (ElektroG)*

  Das Elektro- und Elektronikgerätegesetz vom 16. März 2005 regelt das Inverkehrbringen, die Rücknahme sowie die umweltgerechte Entsorgung von Elektrogeräten. Daraus ergibt sich für Hersteller und Händler solcher Geräte eine Reihe von Pflichten, was die Herstellung und sowie die Rücknahme und Entsorgung angeht. Weitere Ausführungen hierzu finden sich im und zum Gesetzestext u. a. hier: http://www.gesetze-im-internet.de/elektrog/index.html.

- *Kreislaufwirtschafts- und Abfallgesetz (KrW-/AbfG)*

  Das Kreislaufwirtschafts- und Abfallgesetz vom 27. September 1994 stellt die umweltgerecht Beseitigung von Abfällen sicher und soll die Kreislaufwirtschaft fördern. Es regelt z. B. die Rücknahmepflichten von Produkten, die Beseitigung betrieblicher Abfälle und die Bestellung von Betriebsbeauftragten für Abfall. Somit hat es für nahezu alle Unternehmungen Relevanz. Betriebswirtschaftliche Auswirkungen ergeben sich speziell für Unternehmen, die Pfand- und Rücknahmesysteme betreiben müssen. Weitere Ausführungen hierzu finden sich im und zum Gesetzestext u. a. hier: http://www.gesetze-im-internet.de/krw-abfg.

- *Erneuerbare-Energien-Wärmegesetz (EEWärmeG)*

  Das EEWärmeG wurde am 06. Juni 2008 verabschiedet und zielt auf die Erhöhung des Anteils Erneuerbarer Energien am Wärmeverbrauch auf 14% bis zum Jahr 2020 ab. Neubauten ab dem 01. Januar 2009 müssen demnach Erneuerbare Energien für ihre Wärmeversorgung nutzen: Solarkollektoren mindestens 15%, Biomasse mindestens 50%, Biogas mindestens 30%, Geothermie und Umweltwärme mindestens 50%. Alternativ kann KWK-Wärme (mindestens 50%) oder Wärme aus einem Nah- und Fernwärmenetz (100%) genutzt werden. Oder der EnEV-Standard muss um 15% übererfüllt werden. Das bringt für Unternehmen, die den Bau neuer Firmengebäude erwägen, insbesondere zusätzliche Kosten mit sich. Im Einzelfall ist daher zu prüfen, ob der Neubau oder eher der Erwerb einer bestehenden Immobilie aus betriebswirtschaftlicher Sicht Sinn macht.

- *Energiewirtschaftsgesetz (EnWG)*

  Mit Änderungen Gesetzes am 06. Juni 2008 durch den Bundestag sowie eine ergänzende Verordnung vom 18. Juni 2008 durch Bundeskabinett wurde die flächendeckende Einführung intelligenter Stromzähler bis zum Jahre 2015 und der verpflichtende Einbau bei Neubauten sowie nach großen Renovierungen beschlossen.

- *Verpackungsverordnung (VerpackV)*

  Die Verpackungsverordnung vom 21. August 1998 zielt auf die Vermeidung bzw. Wiederverwertbarkeit von Verpackungsabfällen im Geltungsbereich des Kreislaufwirtschafts- und Abfallgesetz (KrW-/AbfG) ab. Weitere Ausführungen hierzu finden sich im und zum Gesetzestext u. a. hier: http://bundesrecht.juris.de/verpackv_1998/.

Kommende und beachtenswerte Regelungen

Bereits zu den Rechtsnormen zuvor wurde im Falle der Feinstaubverordnung und der Energieverbrauchskennzeichnung angemerkt, dass hierzu Veränderungen, insbesondere Erweiterungen des Geltungsbereiches zu erwarten sind. Ebenso ist zu erwarten, dass es kurzfristig zu weiteren Veränderungen in den anderen Gesetzen und Verordnungen oder neuen Rechtsnormen kommt, auch wenn dies derzeit noch nicht abzusehen ist. Aber es sind heute zwei neue Verordnungen in Aussicht, die z. T. auch Relevanz für kleine und mittlere Unternehmen besitzen:

- *Ökodesign-Richtlinie / EBPG*

  Mit der EU-Ökodesign-Richtlinie wird eine Verbesserung der Energieeffizienz und Umweltverträglichkeit von Elektrogeräten angestrebt. Insbesondere Energieverluste im Stand-by-Betrieb sollen künftig reduziert bzw. vermieden werden. In nationales Recht wird diese durch das am 07. März in Kraft getretene Energiebetriebene-Produkte-Gesetz (EBPG) umgesetzt. Große Bedeutung erlangt das Gesetz unmittelbar für Hersteller solcher Geräte und wird dort zu steigenden Entwicklungs-, ggf. auch Herstellungskosten führen, die im betrieblichen Umweltmanagement zu berücksichtigen sind. Für die Verbraucher wirkt es sich in sinkenden Betriebskosten aufgrund gestiegener Energieeffizienz aus. Genaue Informationen zum Gesetzestext finden sich u. a. hier: http://www.gesetze-im-internet.de/ebpg/index.html

- *EU-Verordnung REACH (Registration, Evaluation, Authorisation and Restriction of Chemicals)*

  REACH ist eine EU-Chemikalien-Verordnung, die am 01. Juni 2007 in Kraft getreten ist. REACH hat zur Folge, dass nur noch zuvor registrierte chemische Stoffe in (Geschäfts- / Handels-) Verkehr gebracht werden dürfen. Hersteller müssen demnach mögliche Risiken der Stoffe in einem breiten Spektrum untersuchen, dokumentieren und ggf. absichern. Bereits seit dem 01. Juni 2008 läuft die Vorregistrierungsphase für einige Stoffe. Für kleine und mittlere Unternehmen, die Stoffe herstellen, die unter die Bestimmungen von REACH fallen, bedeutet die Verordnung erhebliche zusätzliche Aufwendungen und Risiken, die im Vorfeld der Registrierung entstehen. Ein weiteres Risiko besteht darin, dass Abnehmer auf bisher verwendete Stoffe künftig verzichten müssen oder wollen und den Abnehmern und Lieferanten dadurch Substitutionskosten entstehen. Dies zu berücksichtigen wird somit auch zum Bestandteil eines systematischen Umweltmanagements. Weiteres hierzu findet sich u. a. hier: http://www.reach-info.de.

Bewertendes Fazit

Eine ganze Reihe von Gesetzen, Verordnungen und Richtlinien sollten zwar von Unternehmen beachtet werden, nur einige wenige wirken sich derzeit allerdings direkt und unmittelbar – und das auch betriebswirtschaftlich – auf die Unternehmen aus. Daher sollten im Fokus des eigenen energie- und umweltökonomischen Handels mittelständischer Unternehmen primär ...

- das Bundes-Immissionsschutzgesetz,
- die ökologische Steuerreform,
- die Feinstaubverordnung und
- das Umweltschadensgesetz,
- das Erneuerbare Energien Gesetz und
- das Kreislaufwirtschafts- und Abfallgesetz

stehen. Weitere Regelungen erhalten erst in Abhängigkeit von der Unternehmenstätigkeit Relevanz wie z. B. der Emissionsrechtehandel, die EnVKG, die VerpackV oder das EBPG und in Zukunft die EU-Verordnung REACH und die Ökodesign-Richtlinie. Die Gesetze zu Mess- und Zählwesen und das EEWärmeG bringen bei Neubau (und großer Renovierung) von Gebäuden Verpflichtungen mit sich. DAS KWK-G enthält interessante Fördermöglichkeiten. Die folgende Tabelle fasst zentrale Konsequenzen der Verordnungen und Rechtsnormen zusammen und bewertet diese für das Energie- und Umweltmanagement in kleinen und mittleren Unternehmen (Tabelle 4).

Alle diese Gesetze und Verordnung müssen zwar von den Unternehmen beachtet werden und wirken sich somit zwangsweise auf deren Energie- und Umweltverhalten aus. Aber ebenso beeinflussen sie auch die Performance der Unternehmen (z. B. aufgrund von Substitutionskosten).

Sie sorgen u. E. jedoch nicht für das Entstehen einer intrinsischen Motivation von Geschäftsführung und Mitarbeiter für besseres Energie- und Umweltverhalten. Externer Druck kann – wie auch die oben zitierten Studien zeigen – zwar Verhaltensänderungen nach sich ziehen, langfristig und v. a. gefestigt wird dieses jedoch nur durch ökonomische Anreize und Überzeugung.

Im folgenden Kapitel soll daher auf Beratungs- und Förderangebote eingegangen werden. Dabei wird der Frage nachgegangen, inwieweit über diese Angebote ausreichend deutliche ökonomische Anreize und Überzeugung geschaffen werden kann.

Gesetz / Verordnung	Regelung	KMU-Relevanz
BImSchG und BImSchV	Regelung bestimmter Formen von Umwelteinwirkungen – vor allem Emissionen	Hoch für Betreiber bestimmter dem Immissionsschutz unterliegender Anlagen. Sonst eher gering.
TEHG und ZuG 2012	Zuteilung und Handel von Emissionsrechten	Hoch für Emittenten von Treibhausgasen.
Öko-Steuer (Ökologische Steuerreform)	Steuer auf den Energieverbrauch	Hoch für energieintensive Branchen, sowie Unternehmen mit großen Fuhrparks.
Feinstaubverordnung / Umweltzonen	Kennzeichnung und „Privilegierung" emissionsarmer Fahrzeuge	Hoch speziell für Handwerksbetriebe mit „veralteten" Fuhrparks
USchadG und UmweltHG	Haftung für Umweltschäden	Generelle Relevanz für alle KMU.
EnEG und EnEV	Energieeinsparungen, energetische Gebäudesanierung	Hoch für Unternehmen mit großen Liegenschaften.
EnVKG, EnVKV, EnVHV	Energieverbrauchskennzeichnung und Energieverbrauchshöchstwerte von Geräten	Hoch für Hersteller und Händler von Elektrogeräten.
EEG	Förderung Erneuerbarer Energien	Generelle Relevanz durch EEG-Umlage und Förderung von Investitionen in Erneuerbare Energien.
ElektroG	Inverkehrbringen, Rücknahme und Entsorgung von Elektrogeräten	Hoch für Hersteller und Händler von Elektrogeräten.
KrW-/AbfG	Umweltgerechte Abfallentsorgung und Förderung der Kreislaufwirtschaft	Generelle Relevanz für (produzierende) Unternehmen.
EnWG	Einrichtung von intelligenten Stromzählern in Neubauten und bei umfassenden Renovierungen	Relevant bei Ausbauen / Neubauten auch von KMU
VerpackV	Vermeidung bzw. Wiederverwertbarkeit von Verpackungen	Hoch besonders für den Handel aufgrund von Rücknahmepflichten.
EBPG	Energieeffizienz bei Elektrogeräten	Hoch für Hersteller und Händler von Elektrogeräten.
REACH	Registrierung, Analyse, Dokumentation und Beschränkung von chemischen Stoffen	Hoch besonders für Hersteller von chemischen Stoffen und weiterverarbeitenden Unternehmen.

Tab. 4: Zusammenfassende Konsequenzen aus Verordnungen und Rechtsnormen

4 Förderangebote und Ratgeber für den Mittelstand

Kernaussagen dieses Kapitels:

- Der Staat, Verbände, Kammern, Wirtschaftsförderungen aber auch Energieversorger, Banken und Versicherungen bieten vielfältige Unterstützung bei Energie- und Umweltmaßnahmen an, so viel, dass das Angebot für Unternehmen bereits unübersichtlich geworden ist.
- Die hier aufgeführten Programme und Ratgeber bieten eine Orientierungshilfe im „Förderdschungel" und sind grundsätzlich empfehlenswert.
- Es fehlen jedoch Förderprogramme und Beratungsangebote, die den sozialen und unternehmenskulturellen Prozess bei der Umsetzung von Energieeffizienzmaßnahmen und Umweltschutzbemühungen ausreichend berücksichtigen.
- Spezielle Programme, die Mittelständlern Zuschüsse gewähren, sind aufgrund der zumeist geringen finanziellen Ressourcen in KMU sinnvoll.
- Zudem sollten kommende Förderprogramme so geartet sein, dass ihre Beantragung schnell und ohne umfangreiche zusätzliche Hilfe erfolgen kann.
- Es bedarf noch deutlicherer wirtschaftlicher Anreize für und stärkerer Überzeugung in den Unternehmen.
- Mittelständler sollten sich bei der Implementierung von Energieeffizienzmaßnahmen und Umweltmanagementsystemen nicht zu sehr am kurzfristigen Kosten-Nutzen-Verhältnis orientieren, sondern vorausschauend den – auch betriebswirtschaftlichen – Nutzen für die Zukunft erkennen.
- Es gibt weder den optimalen Ratgeber noch das optimale Fördeprogramm für KMU.
- In Abhängigkeit von der Branche, der Unternehmensgröße und weiterer individueller Charakteristika muss eine individuelle Beurteilung erfolgen.
- Ratgeber sind i. d. R. sehr spezifisch und informieren nur über einen Ausschnitt oder eine Teilfrage zum EUM. Bedarf besteht u. E. eher für einen „Einstiegsratgeber" für KMU, der das Thema zunächst ganzheitlich und einführend behandelt.

Ob die in Kapitel 3 ausgeführten Verordnungen und Rechtsnormen mittelständische Unternehmen von der Sinnhaftigkeit der Maßnahmen zur Energieeffizienz und zu Umwelt- sowie Klimaschutzaktivitäten überzeugen werden, ist zu bezweifeln. Vielmehr müssen die Vorgaben in ihrer Konsequenz auch betriebs- und volkswirtschaftlich sinnvoll sein und die Unternehmer durch begleitende, ökonomische Anreize überzeugen. Regelungen, die Energieeffizienz und Umweltschutz nach sich ziehen sollen, dürfen daher nicht zu einer Beeinträchtigung der Wettbewerbsfähigkeit einzelner Unternehmen oder gar ganzer Branchen im nationalen oder internationalen Vergleich führen.

U. E. sind die Verbesserung von Energieeffizienz und Umweltschutz in erster Linie intrinsisch motivierte Aufgaben der Unternehmen selbst, die vom Staat insbesondere durch Informationskampagnen, den Abbau hinderlicher gesetzlicher Regelungen und Finanzierungsförderungen zu unterstützen sind (vgl. auch Bardt 2007, S. 35f.).

Gute Beispiele sind hier die EnEV und das EEG. Zwar verursachen diese Rechtsnormen bei den Unternehmen zusätzliche Kosten (z.B. Gebäudesanierung, EEG-Umlage, Kennzeichnung), anderseits lassen sich darin auch Vorteile, wie Marketingargumente, eine sichtbare Nachfragesteigerung und Zugang zu Fördergeldern erkennen.

Aber diese Vorteile müssen – jenseits ihrer Bereitschaft – in den Unternehmen genauso bekannt sein, wie das Wissen, welches Konzept zum Energie- und Umweltmanagement und welche Maßnahmen im individuellen Fall sinnvoll sind und wie diese konkret umgesetzt werden können. Ratgeber und Berater sind hier gefragt, begleitet von adäquaten Förderprogrammen.

Daher ist es hier von großer Bedeutung, welche Förderungen in materieller und immaterieller Form den Unternehmen geboten werden, um Energie- und Umweltmanagement zu betreiben. Diese Frage soll hier beantwortet werden. Es werden im Folgenden ...

- Initiativen und Förderprogramme durch staatliche und staatsgetragene Einrichtungen,
- materielle und immaterielle Förderungen durch weitere Einrichtungen (Verbände und Kammern)
- materielle und immaterielle Förderungen durch Wirtschaftsförderungen und -agenturen

sowie Ratgeber zusammengetragen. Diese Zusammenfassung kann in Anbetracht der großen Zahl und schnellen Veränderung von Förderprogrammen und insbesondere Ratgebern nicht den Anspruch auf Vollständigkeit erheben. Die Angebote werden jenseits einer etwas ausführlicheren Erläuterung zum jüngsten Programm der Bundesregierung in tabellarischer Form zur Übersicht angeboten.

Förderprogramme sollten im konkreten Einzelfall gemeinsam mit einem kompetenten Berater (Hinweise zu Beratungsangeboten finden sich weiter unten) recherchiert werden. Außerdem eignen sich Plattformen wie z. B. die Förderdatenbank des BMWi (www.foerderdatenbank.de) zur selbständigen Suche nach geeigneten Förderangeboten.

4.1 Staatliche Initiativen und Förderprogramme

Auf nationaler Ebene sind insbesondere die Förderprogramme des Bundes, die sich aus dem integrierten Energie- und Klimaprogramm ergeben, hervorzuheben.

Protagonisten sind hier das Bundesministerium für Umwelt, Naturschutz und Reaktorsicherheit (BMU), das Bundesministerium für Wirtschaft und Technologie (BMWi), die Kreditanstalt für Wiederaufbau (KfW) und das Bundesamt für Wirtschaft und Ausfuhrkontrolle (BAFA).

Zentrale Programme

Den Unternehmen bietet sich für die Umsetzung eines Energie- und Umweltmanagements eine Fülle von Förderprogrammen und -richtlinien an. Im Mittelpunkt stehen dabei zwei Förderrichtlinien, die durch kleine und mittlere Unternehmen besondere Beachtung erfahren sollten:

- *Marktanreizprogramm (MAP) Erneuerbare Energien*

  Mit dem MAP wird die Förderung von Investitionen bei der Einrichtung von Solarkollektoranlagen, Erweiterung bestehender Anlagen, Biomasseanlagen verfolgt. Die Kreditanstalt für Wiederaufbau (KfW) sowie das Bundesamt für Wirtschaft und Ausfuhrkontrolle (BAFA) sind vom Bundesministerium für Umwelt, Naturschutz und Reaktorsicherheit (BMU) mit der Förderungsdurchführung beauftragt worden. Das Volumen ist – verglichen mit sonstigen Förderprogrammen – beachtlich: Für die Förderung im Rahmen des Marktanreizprogramms des BMU stehen im Jahr 2008 bis 350 Mio. € zur Verfügung. Weitere Informationen zum Marktanreizprogramm und den Förderrichtlinien finden sich im Internet: http://www.bafa.de/bafa/de/energie/erneuerbare_energien/index.html

- *KWK-Richtlinie / KWK-Gesetz*

  Das KWK-G wurde in novellierter Fassung am 06. Juni 2008 verabschiedet und sieht den Erhalt, die Modernisierung und den Ausbau der Kraft-Wärme-Kopplung zum Ziel der Senkung der CO_2-Emissionen vor. Ziel ist eine Erhöhung des KWK-Stroms an der Gesamtstromerzeugung um 25%. Verschiedene Förderprogramme unterstützen dieses Ziel, so dass Unternehmen entsprechende Investitionsanreize erhalten. Gefördert werden Neu- und Ausbau von Wärmenetzen, der Neubau hocheffizienter KWK-Anlagen sowie die Modernisierung bestehender Anlagen. Mehr zum Mini-KWK-Förderprogramm findet sich im Internet unter http://www.bmu.de/files/pdfs/allgemein/application/pdf/minikwk_flyer.pdf. Dazu der Gesetzestext: http://www.gesetze-im-internet.de/kwkg_2002/index. html.

Das neue Energie- und Klimaprogramm der Bundesregierung IEKP

Die Bundesregierung sieht insbesondere im Mittelstand noch Potenziale zur Steigerung der Energieeffizienz. Aus dem Energiegipfel von 2007 heraus stellt diese fest: „Unter den Teilnehmern am Energiegipfel bestand Einvernehmen, dass die großen wirtschaftlichen Potenziale zur Steigerung der Energieeffizienz insbesondere auf der Nachfrageseite liegen, im Gebäudebestand, im Verkehr, im Produktbereich und in der mittelständischen Wirtschaft. Dagegen haben Unternehmen des produzierenden Gewerbes, insbesondere energieintensive Betriebe, bei denen Energieeinsatz einen wesentlichen Kostenfaktor ausmacht, schon heute einen Anreiz bestehende Effizienzpotenziale zu nutzen. Dieser Anreiz wird durch den Emissionshandel noch verstärkt." (BuReg 2007a, S. 7)

In Konsequenz ist die Bundesregierung bemüht, im privaten als auch im gewerblichen Bereich Energieeffizienz und Klimaschutz weiter voranzutreiben. Dazu hat sie im Dezember 2007 das „Integrierte Energie- und Klimaprogramm (IEKP)" auf den Weg gebracht – vorangetrieben auch vor dem Hintergrund der Weichenstellung des Europäischen Rats der Staats- und Regierungschefs für eine integrierte europäische Klima- und Energiepolitik aus dem Jahre 2007 verbunden mit den von der Europäischen Union formulierten anspruchsvollen Klimaschutzzielen sowie Zielen für den Ausbau der erneuerbaren Energien und der Energieeffizienzsteigerung (BuReg 2007a).

Zuvor wurden unter Berücksichtigung des energie- und klimapolitischen Zieldreiecks aus Versorgungssicherheit, Wirtschaftlichkeit und Umweltverträglichkeit Eckpunkte für ein konkretes Maßnahmenpaket auf bundesdeutscher Ebene erarbeitet (dazu BuReg 2007a, S. 4) und während der Kabinettsklausurtagung am 23. und 24.08.2007 in Meseberg für das IEKP beschlossen. Es entstand daraufhin ein Maßnahmen- und Förderprogrammkatalog zur Erreichung der Energie- und Klimaschutzziele der Europäischen Union. Folgenden Förderprogrammen des IEKP sollten gerade kleine und mittlere Unternehmen Beachtung schenken:

- *Programm zur Kraft-Wärme-Kopplung (KWK):*
  - Ziel: Verdopplung des Anteils von Strom aus KWK bis zum Jahre 2020 auf etwa 25% an der Gesamtstromversorgung.
  - Klimaschutz-Impulsprogramm zur Förderung von Mini-KWK-Anlagen.
  - Ein Flyer zum Förderprogramm für Mini-KWK-Anlagen findet sich unter: http://www.bmu.de/files/pdfs/allgemein/application/pdf/minikwk_flyer.pdf.

- *Intelligente Messverfahren für Stromverbrauch:*
  - Ziel: Schnelle Verbreitung neuer Technologien im liberalisierten Strom-Messwesen zur zeitgenauen Verbrauchsmessung als Voraussetzung für Stromeinsparungen.
  - Die entsprechenden Änderungen im Energiewirtschaftsgesetz (EnWG) wurden am 06. Juni 2008 vom Bundestag verabschiedet. Am 18. Juni 2008 hat das Kabinett eine ergänzende Verordnung beschlossen. Diese zielt auf die flächendeckende Einführung intelligenter Stromzähler bis 2015 und den verpflichtenden Einbau bei Neubauten und nach großen Renovierungen.

- *Einführung moderner Energiemanagementsysteme*
  - Ziel: Förderung der Energieeffizienz in der Industrie.
  - Vereinbarung mit der Wirtschaft über Kopplung von Steuerermäßigungen an die Einführung eines Energiemanagementsystems bis zum Jahr 2013 wird angestrebt.
  - Primär in kleinen und mittleren Unternehmen stehen Energiekosten bislang noch nicht ausreichend im Fokus betriebswirtschaftlicher Optimierung.
  - Bislang konnte allerdings noch keine Vereinbarung erzielt werden.

- *Förderprogramm für Klimaschutz und Energieeffizienz (außerhalb von Gebäuden)*
  - Ziel: Förderung der Energieeffizienzberatung und der gewerbliche Energiesparinvestitionen
  - Anlass: Bislang wurden in KMU die Potentiale zur Steigerung der Energieeffizienz aufgrund von Informationsdefiziten und finanziellen Restriktionen kaum erschlossen.

  - Die Förderung erfolgt über den „Sonderfonds Energieeffizienz in KMU“ von Bundeswirtschaftsministerium (BMWi) und Kreditanstalt für Wiederaufbau (KfW).
  - Begleitet wird dies durch …
    - die Initiative Energieeffizienz der Deutschen Energie-Agentur (dena) mit dem weiteren Ausbau ihrer Informationskampagne.
    - den Sonderfonds Energieeffizienz in KMU: http://www.kfw-foerderbank.
      de/DE_Home/KfW_Foerderbank/Aktuellesa62/Sonderfonds_Energie effizienz. jsp
    - die dena Initiative Energieeffizienz: http://www.initiative-energieeffizienz. de

- *Reduktion der Emissionen fluorierter Treibhausgase*
  - Ziel: Förderung von Klimaschutzmaßnahmen an gewerblichen Kälteanlagen.
  - Eine Verordnung sowie Förderrichtlinien wurden bereits verabschiedet.
  - Ein Flyer zum Förderprogramm für gewerbliche Kälteanlagen: http://www.
    bmu.de/files/pdfs/allgemein/application/pdf/klima_kaelte_flyer.pdf

Interessant scheinen v. a. die Programme, bei denen ein Zuschuss gewährt wird wie z.B. bei den Impulsprogrammen für Mini-KWK- oder Kälteanlagen (BMU 2008a und 2008b).

Anlaufstellen der Länder

Außerdem stellen die für den Bereich Umwelt- und Immissionsschutz zuständigen Behörden der Länder weitere Anlaufstellen für Unternehmen dar. Besonders wirtschaftsstarke Länder wie Baden-Württemberg, Bayern oder NRW verfügen über ein umfangreiches behördliches Serviceangebot auch im Internet.

- So stellt das Umweltministerium Baden-Württemberg auf seiner Internetpräsenz (www.um.baden-wuerttemberg.de) umfangreiche Informationen zu Umweltrecht, Managementsystemen und Fördermitteln bereit.
- Das Bayerische Landesamt für Umwelt betreibt sogar ein eigenes Info-Zentrum „UmweltWirtschaft“ (www.izu.bayern.de). Geboten werden in Kooperation mit Kammern und Verbänden Informationen zu Rechtslage,

Förderprogrammen aber auch Anwendungsbeispiele und Unterstützung zum betrieblichen Umweltschutz.

- In Nordrhein-Westfalen bietet das Umweltministerium gemeinsam mit dem BDI und den IHKs den Unternehmen Hilfestellung zum betrieblichen Umweltschutz im Rahmen des „Dialogs Wirtschaft und Umwelt" (www.dwu.nrw.de).

Übersicht über diese und weitere staatliche Programme

Im Folgenden sind mit kurzen Anmerkungen die staatlichen Förderprogramme – sortiert – nach dem Emittenten – zusammengestellt.

Förderer	**Förderprogramm**	**Adressaten**	**Förderart**	**Anmerkungen**
BAFA	Umwelt-Unternehmensberatung für KMU / Freie Berufe	KMU, FB	ZS	Zuschuss alte Bundesländer: 50%, max. 1.500 **€**; neue Bundesländer: 75%, max. 1.500 **€**.
BMU / BAFA	Impulsprogramm für gewerbliche Kälteanlagen	KMU u. a.	ZS	Ab 01.09.08. Zuschuss zu Status-Check von 75% sowie verschieden hohe Zuschüsse je nach Investition.
BMU / BAFA	Impulsprogramm zur Förderung von Mini-KWK-Anlagen	Gewerbliche Unternehmen	ZS	Ab 01.09.08. Zuschuss wird in Abgängigkeit von der erwarteten CO_2-Vermeidung berechnet.
BMU / BAFA	Marktanreizprogramm (MAP) zur Förderung Erneuerbarer Energien	KMU, FB, Privatpersonen	ZS	Fördert Investitionen zur Nutzung besonders effizienter Technologien
KfW	KfW-Umweltprogramm	KMU, FB, PPPs, BÖH	ZG	
KfW	ERP-Energieeffizienzprogramm	KMU, FB	ZG	Unterstützung bei Energieeffizienzmaßnahmen
KfW	ERP-Umwelt- und Energiesparprogramm	KMU, FB, PPPs	ZG	Unterstützung von Umweltschutzinvestitionen
KfW	Sonderfonds Energieeffizienz in KMU - Energieeffizienzberatung	KMU, FB	ZS	Initialberatung: Zuschuss 80%. Detailberatung: Zuschuss 60%.

Tab. 5: Energie- und Umweltförderangebote (ZG = zinsgünstiges Darlehen, BÖH = Betrieb der öffentlichen Hand, FB = Freie Berufe, ZS = Zuschuss)

4.2 Angebote weiterer Institutionen

Neben den staatlichen Förderangeboten zum Energie- und Umweltmanagement bieten auch Wirtschaftsverbände, Industrie- und Handelskammern, Wirtschaftsförderungen sowie kommerzielle, privatwirtschaftliche Einrichtungen ein breites Spektrum an Informationen, Beratungs- und Dienstleistungen rund um dieses Thema an.

Im Folgenden sind die wichtigsten dieser Angebote zusammengetragen. Die Informationen wurden durch Recherchen und direkte Befragungen bei den Verbänden beschafft. Auch hier kann kein Anspruch auf Vollständigkeit erhoben werden. Vielmehr wird hier ein weitgehender Überblick gegeben, der den Leser zur weiteren selbständigen Orientierung und Beurteilung anregen soll.

4.2.1 Angebote von Verbänden

Das Deutsche Institut für kleine und mittlere Unternehmen hat die Informationen, Angebote und Aktivitäten von 34 Branchen- und Arbeitgeberverbänden recherchiert und analysiert.

Mehr als zwei Drittel der berücksichtigten Verbände thematisieren Energie- und Umweltverhalten, wobei die Art und Ausprägung recht unterschiedlich ausfällt. Jeder der Verbände bezieht zumindest Position zur Energie- und Umweltpolitik der Bundesregierung. Weiterhin informieren die Verbände häufig über aktuelle Entwicklungen, gesetzliche Regelungen oder staatliche Initiativen und Förderprogramme.

Die folgende Tabelle gibt dazu eine erste Übersicht:

Verband	Informationen, Angebote, Aktivitäten zu Energie- und Umweltverhalten
Deutscher Arbeitgeber-Verband e.V.	Keine
Arbeitgeberverband der Deutschen Immobilienwirtschaft e.V.	Keine
DEHOGA Deutscher Hotel- und Gaststättenverband	Energiekampagne Gastgewerbe in Zusammenarbeit mit BMU (Hilfe zu Energiemanagement & -sparprogramm, Beratung etc.)
Arbeitgeberverband der Versicherungsunternehmen in Deutschland	Keine
Arbeitgeberverband Mittelständischer Personaldienstleister e.V. (AMP)	Keine
Arbeitgebervereinigung Nahrung und Genuss e.V.	Gemeinsame Erklärung zum Umweltschutz vom 01.03.1993
Interessenverband Mittelständischer Unternehmen und Freier Berufe e.V.	Mitglieder-Rahmenvertrag mit axes Büro für Energiewirtschaftlichkeit
Berufsverband Selbständige in der Informatik e.V.	Keine
Bundesarbeitgeberverband Chemie	Keine
Bundesarbeitsgemeinschaft der Mittel- und Großbetriebe des Einzelhandels e.V. (BAG)	Informationen z.B. über Förderprogramme in Newslettern, eigene Broschüren zum Umweltschutz
Bundesvereinigung Logistik e.V. (BVL)	Initiation von Forschungsprojekten zum Thema „Green Logistics“; Vorträge/Veranstaltungen einzelner Regionalgruppen
Bundesverband Materialwirtschaft, Einkauf und Logistik e.V. (BME)	Vorträge/Veranstaltungen zu Energie- und Umweltverhalten, insbesondere auch Energiebeschaffung
Bundesverband der Deutschen Entsorgungswirtschaft e.V. (BDE)	Umweltstudie „Beitrag der Abfallwirtschaft zum Klimaschutz“, Facharbeitskreis Umweltgesetzgebung und Recht
Bundesverband der Deutschen Industrie e.V. (BDI)	BDI Umweltpreis, Initiative Wirtschaft und Klimaschutz, Klimastudie gemeinsam mit McKinsey, Infobroschüren
Bundesverband Informationswirtschaft, Telekommunikation und neue Medien e.V. (BITKOM)	Kompetenzbereich Umwelt & Nachhaltigkeit
Bundesverband der Selbstständigen e.V.	Positionspapiere zu diversen Energie- und Umweltthemen
Bundesverband des Deutschen Groß- und Außenhandels e.V. (BGA)	Fachbereich Agrar- und Umweltpolitik, Jahresmittelstandsbericht mit Forderungen an die Energie- und Klimaschutzpolitik

Tab. 6: Informationen, Angebote, Aktivitäten von Verbänden (Teil 1)[6]

[6] Informationen und Angebote soweit auf der jeweiligen Internetpräsenz veröffentlicht

Verband	Informationen, Angebote, Aktivitäten zu Energie- und Umweltverhalten
Bundesverband Deutscher Banken e.V. (BDB)	Wird nur unter Finanz- und Investmentsicht in Magazin „Die Bank" thematisiert
Bundesverband Deutscher Mittelstandsberater e.V./Initiative Deutscher Mittelstand e.V.	Keine
Bundesverband Dienstleistungswirtschaft (BDWi)	Keine
Bundesverband Mittelstand und Internet e.V.	Keine
Deutscher Mittelstands-Bund e.V. (DMB)	Keine
DDV Deutscher Direktmarketing Verband e.V.	Keine
Die Familienunternehmer - ASU e.V.	Positionspapiere gegen zu starke staatliche Intervention im Energie- und Umweltbereich
Deutscher Industrie- und Handelskammertag (DIHK)	Umweltberatung, EMAS-Registrierung, Positionspapiere, Infoveranstaltungen, ERFA-Gruppe, Energie-Einzelberatung
Europaverband der Selbständigen – C.E.D.I. Bundesverband Deutschland – BVD e.V.	Kooperation mit Energieversorger, Thematisierung im Verbandsmagazin „Gewerbe-Report"
Gesamtverband der Deutschen Textil- und Modeindustrie e.V.	Energie-Symposium in 2006, Arbeitskreis Energie, Positionspapier Energieeffizienz
Gesamtmetall (Arbeitgeberverbände der Metall- und Elektro-Industrie)	Keine
Hauptverband der Deutschen Bauindustrie e.V.	Forum für energieeffizientes Bauen, EFFC-Sustainability Charter, Umwelt-Leitfaden
Hauptverband des Deutschen Einzelhandels e.V. (HDE)	Infos zu Energie- und Umweltverordnungen, Umfrage zur Energieeffizienz
Hauptverband der Deutschen Holz und Kunststoffe verarbeitenden Industrie und verwandter Industriezweige e.V.	Informationen und Hilfestellung zu neuen Verordnungen
VDA Verband der Automobilindustrie	Kampagne „Umwelt-Autosommer", Fachabteilung Umwelt, Informationsbroschüren
Verband der EDV-, Software und Beratungsunternehmen e.V.	Energieeinsparberatung
Zentralverband des Deutschen Handwerks (ZDH)	Beteiligung an Kampagne „Klima sucht Schutz", umfangreiche Informationen zu Fördeprogrammen und gesetzlichen Bestimmungen, Positionspapiere

Tab. 6: Informationen, Angebote, Aktivitäten von Verbänden (Teil 2)

4.2.2 Angebote der Kammern

Umfangreiche und kompetente Beratungsangebote bieten vor allem der Deutsche Industrie- und Handelskammertag (DIHK) bzw. die angeschlossenen regionalen Industrie- und Handelskammern, die Handwerkskammern mit ihren speziellen Umweltzentren sowie verschiedene Behörden der Länder.

Industrie- und Handelskammertag (DIHK) bzw. die angeschlossenen regionalen Industrie- und Handelskammern stellen Unternehmen u. a. ...

- Informationen zu Umweltmanagementsystemen,
- Positionspapiere zu aktuellen Energie- / Umweltthemen,
- Hintergrundinformationen zu neuen oder geplanten Gesetzen und
- Adressübersichten zu Energieanbietern und -beratern

zur Verfügung. Seitens der *Handwerkskammern* werden zehn Umweltzentren (Hamburg, Hannover, Münster, Oberhausen, Trebsen, Koblenz, Rudolstadt, Trier, Saarbrücken und Freiburg) betrieben. Deren Leistungen erstrecken sich auf ...

- generelle Informationen,
- gewerkespezifische Beratung,
- Hilfestellung bei rechtlichen Fragen,
- Umwelt-Check vor Ort,
- Vorbereitung auf Öko-Audit,
- Kurse, Seminare und Lehrgänge und
- betriebsorientierte Umweltforschung.

4.2.3 Angebote der Wirtschaftsförderungen und -agenturen

Neben den zuvor genannten Institutionen beschäftigen sich einer Vielzahl von regionalen Wirtschaftsförderungen sowie öffentliche und privatwirtschaftliche Agenturen mit Energieeffizienz und Umweltmanagement. Diese Einrichtungen bieten ein ebenso breites Spektrum an Beratungs- und sonstigen Dienstleistungen an. Wie auch bei den Förderprogrammen ist die Anbieter-Landschaft – speziell bei den privatwirtschaftlichen Agenturen – immens und unterliegt ständigen Veränderungen. Die folgende Auflistung hat daher wiederum das Ziel, dem Leser aufzuzeigen, welche zentralen Angebote vorhanden und zu empfehlen sind. Damit soll eine Basis zur selbständigen Recherche und Bewertung unternehmensindividuell benötigter Dienstleistungen auf dem bezeichneten Gebiet geschaffen werden.

Anbieter	Beschreibung	Weblink
Berliner Energieagentur	Die Berliner Energieagentur ist ein PPP-Unternehmen, welches sich der Beratung, dem Know-how-Transfer und dem Contracting im Bereich Energieeffizienz verschrieben hat.	www.berliner-e-agentur.de
Bremer Energie-Konsens	Der Bremer Energie Konsens bietet gewerblichen Unternehmen Beratung zur Steigerung der Energieeffizienz, einen Internet-Energie-Check, eine Förderübersicht sowie Vorträge und Workshops.	www.energiekonsens.de
Deutsche Energieagentur (dena)	Unterstützt mit der *Initiative Energieeffizienz + Industrie & Gewerbe* (www.industrie-energie-effizienz.de) die Erschließung ungenutzter Energieeffizienzpotenziale; weitere Projekte, Beratung und verschiedene Informationsmaterialien.	www.dena.de
Effizienzagentur NRW	Aufbau des Ökoeffizienz Checks im Handwerk.	www.efanrw.de
Energieagentur NRW	Umfangreiche Informationen zu Beratungs- und Förderangeboten im Bereich Energieeffizienz.	www.ea-nrw.de
Infozentrum Umwelt, Bayrisches Landesamtes UW	Bietet Leitfäden zu Umweltschutz und Energieeffizienz. Zudem werden Fachtagungen veranstaltet, ein CO_2-Rechner angeboten und auf Förderangebote sowie relevante Gesetze hingewiesen.	www.izu.bayern.de
Modell Hohenlohe	Das Modell Hohenlohe e.V. ist eine Gemeinschaft von Unternehmen, die sich Umweltschutz und Energieeffizienz bzw. Nachhaltigem Wirtschaften verschrieben haben. Der Verein biete Hilfe zur Selbsthilfe für Unternehmen, die sich ökologisch engagieren wollen.	www.modell-hohenlohe.de

Tab. 7: Informationen, Angebote, Aktivitäten von Wirtschaftsförderungen und Agenturen (Teil 1)

Anbieter	Beschreibung	Weblink
Projekt „energie-effizient in der mittelständischen Industrie"	Das Projekt, welches u. a. von der Deutschen Umwelthilfe unterstützt wird, will der mittelständischen Industrie bei der Erschließung vorhandener Energieeffizienzpotenziale helfen. Dies geschieht durch intensive Beratung und Information.	www.energieeffizient.com
RKW – Energieeffizienz-Botschafter	Das Rationalisierungs- und Innovationszentrum der Deutschen Wirtschaft e.V. (RKW) führt in einem Modellprojekt über sog. Energieeffizienz-Botschafter eine Initialansprache durch, um KMU für das Thema zu sensibilisieren und ihnen Potenziale aufzuzeigen.	www.rkw.de
Zukunftsagentur Brandenburg (ZAB)	Die ZAB EnergieSparAgentur vermittelt Energieberater und Unterstützt bei Energieeffizienzmaßnahmen. Es wird eine Vortragsveranstaltung zur „Energieeffizienz in Unternehmen" angeboten.	www.zab-brandenburg.de

Tab. 7: Informationen, Angebote, Aktivitäten von Wirtschaftsförderungen und Agenturen (Teil 2)

4.2.4 Angebote von Energieversorgern, Banken und Versicherungen

Energieversorger

Die Mehrheit der deutschen Energieversorgungsunternehmen bieten ihren Kunden mittlerweile Energieeffizienzberatungen und umfangreiche – wenn auch z. T. nur externe – Informationen zu Energieeinsparmaßnahmen an (vgl. Verivox 2008). Auch bieten die meisten regionalen Energieversorger und Netzbetreiber ihren Kunden eigene Förderprogramme für Energieeffizienz- und Umweltschutzmaßnahmen an (Energieportal 2008).

Einige Angebote von Energieversorgern sind im Folgenden exemplarisch aufgeführt.

Die Vattenfall AG bietet ihren Geschäftskunden u. a. ...

- ein Online-Energiecontrolling zur Ermittlung der Einsparpotenziale,
- die Erstellung eines individuellen Energieprofils und
- ein Lastenmanagement zur Regulation des Stromverbrauchs.

Die EnBW AG unterstützt ihre Unternehmenskunden bei Energieeffizienzmaßnahmen u. a. durch ...

- die Sensibilisierung der Belegschaft („Kollege Energieeffizienz),
- die Erarbeitung von Energiesparmaßnahmen (EnBW Forum Energieeffizienz),
- Beratung bei Emissions- und Energieverbrauchssenkungen (EnBW Netzwerk Energieeffizienz).

Die VSE Gruppe versorgt Geschäftskunden im Rahmen ihres Energieeffizienz-Programms u. a. mit ...

- einer Energie-Controlling-Software, die den Verbrauch erfasst und Handlungsempfehlungen gibt.

Die RWE Energy AG hat ein Energieeffizienzprogramm gestartet und bietet Unternehmen u. a. ...

- Informationen zu Energiesparmaßnahmen,
- Energieeffizienzberatungen.
- Zudem wurden jüngst 500 Elektro-Tankstellen für PKW angekündigt.

Die Electrabel Deutschland AG (ab 2009 „GDF SUEZ Energie Deutschland AG") unterstützt mittelständische Unternehmen bei mehr Energieeffizienz u. a. durch

- Intelligente Beschaffung und
- Energieeffizienz-Checks.

Banken und Versicherungen

Banken und Versicherungen bieten – als fachfremde Institutionen – nur mittelbare Angebote zum Energie- und Umweltmanagement.

Die Unterstützung der Banken bei Energieeffizienz- und Umweltmanagementmaßnahmen besteht hauptsächlich in der Beratung zu und der Vermittlung von Fördergeldern (zinsgünstige Darlehen / Zuschüsse). Sofern die Banken nicht eigene Förderprogramme aufgelegt haben (wie z. B. die N-Bank in Niedersachsen), wird auf Programme wie die der KfW zurückgegriffen.

Die Versicherungen stellen insbesondere Informationen und Beratungsangebote zu Umwelthaftungs- bzw. -schadensfragen (z. B. im Rahmen des USchadG, UmweltHG) zur Verfügung und bieten entsprechende Versicherungsprodukte an. Energieeffizienz wird daher nicht thematisiert. Im Gegenteil, derartige Versicherungen sind eher geeignet den Unternehmer die Illusion zu vermitteln, er könne die Risiken nicht umweltgerechtem Verhaltens über die Versicherung abwälzen, das wäre ein kontraproduktives Verhalten.

4.3 Ratgeber

Neben staatlichen und institutionellen Förderprogrammen und -angeboten stellen insbesondere Ministerien und sonstige Behörden Ratgeber und Leitfäden zu Energie- und Umweltmanagement zur Verfügung.

Diese geben Hinweise zu Umweltmanagementsystemen, Energieeffizienzpotenzialen sowie zu Förderprogrammen und Beratungsangeboten. Die folgende Tabelle listet die wichtigsten dieser Ratgeber und Leitfäden, die sich auch an mittelständische Unternehmen richten, auf.

Titel	**Autor / Hrsg.**	**Jahr**	**ISBN oder Weblink**
B.A.U.M. Jahrbuch 2008: Environmental and Sustainability Management	B.A.U.M	2008	ISBN-10: 3940967009 ISBN-13: 9783940967008
BINE Förderkompass Energie	BINE	2008	CD-ROM zu bestellen unter http:// www.bine.info/foerderung.php
Energiemanagement – Der Ratgeber für den Mittelstand	PCC Energie	2008	Zu bestellen bei http://www.mittelstandsstrom.de/index.php?id=433
Das Genehmigungs- und Anzeigeverfahren nach BImSchG – Leitfaden für ein optimiertes und beschleunigtes Verfahren in NRW	MUNLV NRW	2008	http://www.umwelt.nrw.de/umwelt/pdf/leitfaden_nrw.pdf
Zulassungsregister für Umweltgutachter (EMAS)	DAU	2008	http://www.dihk.de/download.php?dload=http://www.dihk.de/inhalt/ themen/innovationundumwelt/umweltberatung/umweltgutachter.pdf
Fördergeld 2008 für Energieeffizienz und erneuerbare Energien	BMU	2008	http://www.bmu.de/files/pdfs/allgemein/application/pdf/geld_energiesparen.pdf

Tab. 8: Ratgeber zum Umwelt- und Energieverhalten (Teil 1)

Titel	Autor / Hrsg.	Jahr	ISBN oder Weblink
Strom- und Gashändler. Berater Strom- und Gaseinkauf	DIHK	2008	http://www.dihk.de/download.php?dload=http://www.dihk.de/inhalt/ themen/innovationundumwelt/ energiefragen/stromundgaspool.pdf
Energiesparberatung – Liste der antragsberechtigten Energieberater	BAFA	2008	http://www.bafa.de/bafa/de/ energie/energiesparberatung/publikationen/ energie_vob_energieberaterliste_komplett.pdf
Nachhaltigkeitsmanagement in Unternehmen – Von der Idee zur Praxis: Management zur Umsetzung von Corporate Social Responsibilty und Corporate Sustainability	BMU	2007	http://www.bmu.de/files/pdfs/allgemein/application/pdf/ nachhaltigkeitsmanagement_unternehmen.pdf
Wegweiser zur Klimaneutralität – Klimabewusstes Handeln in Unternehmen	BSMUGV	2007	http://www.bestellen.bayern.de/application/stmugv_app000005?SID= 1521615335& ACTIONxSESSxSHOWPIC(BILDxKEY:stmugv_agd_00059,BILDxCLASS:Artikel, BILDxTYPE:PDF)=X
Förderprogramme im Energiebereich für mittelständische Unternehmen	WM BW	2007	http://www.wm.baden-wuerttemberg.de/fm7/1106/ FoerderbroschEnergieKMU8_2007.pdf
ÖKOPROFIT –Ökologische Projekte für integrierte Umweltpolitik	MUNLV NRW	2006	http://www.umwelt.nrw.de/umwelt/pdf/oekoprofit_2007.pdf
Energieeffizienz – die intelligente Energiequelle: Tipps für Industrie und Gewerbe	BMU	2006	http://www.bmu.de/files/pdfs/allgemein/application/pdf/ broschuere_energieeffizienz_tipps.pdf
GründerZeiten Nr. 5: Betrieblicher Umweltschutz	BMWi	2006	http://www.bmwi.de/BMWi/ Redaktion/PDF/Publikationen/ Gruenderzeiten/infoletter-gruenderzeiten-nr-05-betrieblicher-umweltschutz, property=pdf, breich=bmwi, sprache=de,rwb=true.pdf

Tab. 8: Ratgeber zum Umwelt- und Energieverhalten (Teil 2)

Titel	Autor / Hrsg.	Jahr	ISBN oder Weblink
Effiziente Energienutzung in KMU in Rheinland-Pfalz	MUFV RLP	2006	http://www.mufv.rlp.de/fileadmin/img/inhalte/allgemein/Energiebrosch_re_komplett_Endfassung.pdf
Leitfaden für effiziente Energienutzung im Gewerbe	BEK	2006	http://www.energiekonsens.de/Downloads/Service/Energieleitfaden.pdf
Energie effizient. Wie Industrie und Gewerbe Energie sparen können.	DBU	2006	http://www.dbu.de/phpTemplates/publikationen/pdf/1011060902 57292.pdf
Energieeffizienz in Unternehmen	EA NRW	2005	http://www.ea-nrw.de/ _database /_data/ datainfopool/energieeffizienz_in_unternehmen2006.pdf
Flexible Instrumente im Klimaschutz – Eine Anleitung für Unternehmen	UM BW	2005	http://www.isi.fraunhofer.de/n/Projekte/leitfaden2005/druck072005/isi-leitfaden-klimaschutz2005.pdf
Energieanalyse in KMU	WM BW	2005	http://www.wm.baden-wuerttemberg.de/sixcms/media.php/1106/energie-analyse_kmu.zip
Schritt für Schritt ins Umweltmanagement – Beispiel Ecomapping	BMU / UBA	2005	http://www.umweltdaten.de/publikationen/fpdf-l/2879.pdf
Schritt für Schritt ins Umweltmanagement – Beispiel Umweltsiegel des Handwerks	BMU / UBA	2005	http://www.umweltdaten.de/publikationen/fpdf-l/2877.pdf
Umweltmanagementansätze in Deutschland	BMU / UBA	2005	http://www.bmu.de/files/wirtschaft_und_umwelt/emas/application/pdf/broschuere_umweltmanagement ansaetze.pdf
Leitfaden Energiekonzepte für KMU	WM BW	2004	http://www.wm.baden-wuerttemberg.de/sixcms/media.php/1106/Leitfaden_Energiekonzepte_KMU.pdf

Tab. 8: Ratgeber zum Umwelt- und Energieverhalten (Teil 3)

Titel	Autor / Hrsg.	Jahr	ISBN oder Weblink
EMAS Energy Efficiency Toolkit for Small and Medium Sized Enterprises	EU	2004	http://ec.europa.eu/environment/emas/pdf/general/energyeff_en.pdf
Energiekosten senken -. Gewinn steigern	WM BW	o.J.	http://www.wm.baden-wuerttemberg.de/fm/1106/EnergieKostensparen.pdf
Ecomapping Broschüre	Ecoconseil Enterprise SCRL	o.J.	http://www.ecomapping.org/en/tools-methodes/eco-mapping.html

Tab. 8: Ratgeber zum Umwelt- und Energieverhalten (Teil 4)

Bewertendes Fazit

Die hier aufgeführten Programme und Ratgeber sind als Orientierungshilfe zu verstehen. Auf nationaler Ebene sind insbesondere die Förderprogramme des Bundes, die sich aus dem integrierten Energie- und Klimaprogramm ergeben, hervorzuheben. Neben den staatlichen Förderangeboten zum Energie- und Umweltmanagement bieten auch Wirtschaftsverbände, Industrie- und Handelskammern, Wirtschaftsförderungen sowie kommerzielle, privatwirtschaftliche Einrichtungen ein breites Spektrum an Informationen, Beratungs- und Dienstleistungen rund um die Themen Energieeffizienz und Umweltmanagement an. Ministerien und Behörden ergänzen dies mit Ratgebern und Leitfäden. Die aufgeführten Programme und Ratgeber bieten hier eine erste Orientierungshilfe im „Förderdschungel".

Förderprogramme, die lediglich zinsgünstige Darlehen bieten, sind u. E. weniger interessant für mittelständische Unternehmer. Ähnliche Konditionen erhalten die KMU zumeist auch bereits durch die Hausbank. Im Fokus der Suche sollten daher speziell Programme stehen, die Mittelständlern Zuschüsse gewähren. Diese ergänzen die begrenzten Ressourcen der Unternehmen und wirken sich im Vergleich zu Darlehen nicht negativ auf die Bonität aus.

Kritisch zu werten ist allerdings der bürokratische Aufwand zur Beantragung bei den meisten Förderprogrammen. Viele KMU benötigen daher externe Beratung bei der Antragstellung oder wagen diesen Schritt erst gar nicht. Bei der Konzeption der Förderprogramme sollte dieser Punkt u. E. stärker im Vordergrund stehen und z. B. in Form eines einfachen „1h-Antrags" Berücksichtigung finden.

Trotz des umfangreichen Angebotes fehlen u. E. Förderprogramme und Beratungsangebote, die den sozialen und unternehmenskulturellen Prozess bei der Umsetzung von Energieeffizienzmaßnahmen und Umweltschutzbemühungen ausreichend berücksichtigen. Ein gutes Beispiel hingegen, bei dem versucht wird, diesem Anspruch über eine persönliche Initialansprache gerecht zu werden, ist das RKW Energieeffizienz-Botschafter-Modell.

Zu den Ratgebern lässt sich feststellen, dass diese zwar in großer Vielfalt vorhanden sind, sich oftmals jedoch nur einem Teilbereich des Energie- und Umweltmanagements widmen. So beschäftigen sich die Ratgeber entweder mit einem bestimmten EUM-Konzept, einzelnen Maßnahmen zur Energieeffizienzsteigerung, rechtlichen Rahmenbedingungen oder bieten Übersichten zu Förderangeboten. Für kleine und mittlere Unternehmen fehlt es u. E. jedoch an einem Einstiegsratgeber, der das gesamte Gebiet des Energie- und Umweltmanagements abdeckt, die Unternehmer praxisnah führt und nachhaltig vom Nutzen dessen überzeugt.

Auswahl der Ratgeber und Förderprogramme

Das generell beste Förderangebot oder den besten Ratgeber kann es nicht geben. Vielmehr müssen die Unternehmen in Abhängigkeit von der Branche, der Unternehmensgröße und weiterer individueller Charakteristika individuell recherchieren und das für sie nützliche, individuelle Angebot suchen und beurteilen. Während die Wahl des Ratgebers anhand der Kriterien …

- vorhandener Informationsstand im Unternehmen vs. Wissensvoraussetzungen des Ratgebers,
- Fachsprache und abstrakte Darstellung vs. allgemeinverständliche Darstellung und konkrete Hilfen und
- vollumfassende Übersicht vs. Spezialisierung auf Teilfragen (z. B. Förderung, Rechtsfragen)

ausgewählt werden sollten, sind an die Förderprogramme folgende, aus den oben zitierten Studien und der später noch ausgeführten Expertenbefragung entwickelten Anforderungen zu stellen:

- Finanzielle Entlastung bzw. Anreize bei der Umsetzung von Energieeffizienz- und Umweltschutzmaßnahmen.
- Kompetente Beratung bzw. Know-how-Transfer zum Programm und über das Programm.

- Geringer Zeitlicher und personeller Aufwand bei der Beantragung, des Reportings und bei der Umsetzungsverwaltung.
- Förderung auch der organisationalen und sozialen Aufgaben bei der Initiierung und Implementierung von Energie- und Umweltmanagement.

Ferner sollten sich Mittelständler bei der Implementierung von Energieeffizienzmaßnahmen und Umweltmanagementsystemen nicht zu sehr am kurzfristigen Kosten-Nutzen-Verhältnis orientieren, sondern vorausschauend den – auch betriebswirtschaftlichen – Nutzen für die Zukunft erkennen. Weitere Regeln bei der formalen Auswahl der richtigen Förderprogramme werden dazu von Meyer (1999) gegeben:

- Wahl der richtigen Förderart: nicht rückzahlbare immaterielle Förderung, materielle Förderung, Beteiligung, Darlehen, Bürgschaft.
- Bedingungen für Antragsberechtigte: Art der Einrichtung (KMU (Industrie, Handwerk, Handel, Dienstleistung), Freiberuf, Forschungsinstitut, Hochschule) sowie Mitarbeiterzahl, Jahresumsatz, Standort (Belegenheit), ggf. Partner.
- Kriterien des Antrages: Antragsdauer, Antragserfolgswahrscheinlichkeit.
- Kriterien des Förderumfanges: Förderquote, Fristigkeit der Förderung, Förderhöhe, Antragsaufwand (Berater notwendig?).

Im Fokus der Suche sollten natürlich spezielle Programme stehen, die Mittelständler Zuschüsse gewähren, da diese die begrenzten Ressourcen der Unternehmen für die Beantragung meist berücksichtigen.

Teil II – Empirie

5 Expertenbefragung

Kernaussagen dieses Kapitels:

- Ökosteuer und Feinstaubverordnung sind derzeit die sich betriebswirtschaftlich am stärksten auswirkenden gesetzlichen Regelungen im Bereich Energie und Umwelt.
- Auch die Ökodesign-Richtlinie sowie weitere damit zusammenhängende Standards können sich zukünftig auf Mittelständler auswirken.
- Energie- und Umweltmanagementsysteme werden nur bedingt als für mittelständische Unternehmen geeignet angesehen.
- Die Sensibilisierung für Energie- und Umweltfragen und das Anstoßen entsprechender Prozesse in den Unternehmen sollte eigentliches Ziel sein.
- Mittelständler benötigen Betreuung bei Fördeprogrammen und geringen bürokratischen Aufwand.
- Zuschüsse stoßen oft auf größere Resonanz als Darlehen.
- Qualifizierte Beratung erfolgt vor allem durch freie Berater und Kammern.
- Das Beratungsangebot scheint den Experten allerdings „größer als die tatsächliche Nachfrage“.

Um eine Beurteilung der vorangegangen Analysen vorzunehmen, wurde eine qualitative Expertenbefragung durchgeführt. Dazu wurden 20 ausgewiesene Fachleute aus Wissenschaft, Wirtschaft, Verbänden, Politik und Verwaltung angesprochen. Alle der ausgewählten Experten verantworteten das Fachgebiet Energie und/oder Umwelt in ihren jeweiligen Institutionen. Die Befragten bestanden in der große Mehrheit auf Anonymität, so dass diese Zusage auf alle Befragten übertragen wurde. Das Sample der Experten setzte sich der Herkunft nach wie folgt zusammen:

Wissenschaft	4 Experten
Wirtschaft	4 Experten
Verbände	6 Experten
Politik/Verwaltung/Stiftung	6 Experten

Tab. 9: Woher kamen die Experten?

Die Befragung fand in Form eines Interviews mit folgenden fünf offenen Fragen statt:

1. Welche der bestehenden gesetzlichen Regelungen zum Energie- und Umweltverhalten haben Ihrer Meinung nach die größte Relevanz für den Mittelstand? Und wo zeigen diese insbesondere eine betriebswirtschaftliche Wirkung auf das Unternehmen?
2. Welche noch kommenden gesetzlichen Regelungen werden sich insbesondere auf Mittelständler auswirken und wie?
3. Welche Instrumente/Konzepte zum Energie- und Umweltmanagement eignen sich besonders für den Mittelstand?
4. Welche der Ihnen bekannten Förderangebote sind Ihres Erachtens besonders sinnvoll für mittelständische Unternehmen und warum?
5. Wo erhalten Mittelständler Ihres Erachtens eine qualifizierte Beratung? Wer sollte noch beraten und was wird leider nicht angeboten?

Die Antworten wurden inhaltlich ausgewertet und – sofern möglich – zwischen den Experten zusammengefasst. Dabei war es durchaus möglich, dass einzelne Experten nur einen Teil der Fragen beantworten konnten oder aber auch mehr als eine Antwort zu den Teilfragen gaben. Da es sich hier um eine qualitativ-exploratorische Erhebung handelt, sind Quantitäten (z. B. Zahl der Experten, die eine Aussage unterstützten) nur am Rande von Interesse. Vielmehr sind die z. T. konträren Meinungen sowie auch individuelle Ideen, Vorschläge und Gedanken einzelner Experten – als Beitrag zu einer vielfältigen, differenzierten Sicht auf die Thematik – wertvoll.

Es ergaben sich folgende, nach Themen gegliederte und zusammengefasste Einschätzungen der Experten:

Expertenmeinungen zu den bestehenden gesetzlichen Regelungen

Von den gesetzlichen Regelungen nannten die Befragten am häufigsten die Ökosteuer (Ökologische Steuerreform), als die, die besondere Relevanz für mittelständische Unternehmen besitzt. Diese wirke sich über die Energiepreise negativ auf die Betriebskosten der Unternehmen aus. Gleichwohl bezweifeln einzelne Experten aber auch, dass die Ökosteuer spürbare Auswirkungen auf die Betriebe habe. Der Energiemarkt beeinflusse den Preis und die daraus im Unternehmen resultierenden Kosten wesentlich stärker. Letztere Einschätzung kam vorwiegend aus Verwaltungen bzw. dem Gesetzgeber nahen Institutionen.

Ebenso sah die Mehrheit der handwerksnahen Interviewpartner die aus der Feinstaubverordnung resultierenden Umweltzonen als besonders problematisch für mittelständische Unternehmen an. Insbesondere Betriebe die ihre Leistungen direkt beim Kunden erbringen (z.B. Handwerk, Baugewerbe) oder aufgrund ihrer Tätigkeit auf Mobilität angewiesen sind (z.B. Dienstleistungen, Vertrieb, Logistik) würden unter der Verordnung leiden. Die z. T. recht alten Betriebsfahrzeuge erfüllten nicht die Anforderungen zur Einfahrt in die Umweltzonen, eine Nachrüstung oder gar die Anschaffung neuer Fahrzeuge sei jedoch vielfach aus Kostengründen nicht möglich.

Darüber hinaus wiesen die Experten in ihrer Mehrheit auf folgende Verordnungen hin, die mittelständische Unternehmen unbedingt beachten müssen:

- Das Bundesimmissionsschutzgesetz. Allerdings sei dies ja seit Jahren bekannt.
- Die Verpackungsverordnung, das Abfallrecht und das Wasserhaushaltrecht: In Abhängigkeit von der Branche und individuellen Unternehmenstätigkeit wurden auch die Verpackungsverordnung (hohe Kosten und Bürokratie z. B. durch Pflichtpfand), das Abfallrecht und das Wasserhaushaltrecht angegeben.

Von einigen Experten wurde auch auf folgende Verordnungen hingewiesen, die allerdings – in deren Augen – keine drängenden Risiken für mittelständische Unternehmen nach sich ziehen:

- Die Umwelthaftung und das Umweltschadensgesetz. Es wird keine akute Veranlassung zu Maßnahmen gesehen, allerdings sollten die Betriebe prüfen, welche Risiken sie eingehen. Zudem bieten einige Versicherer hierzu Leistungen an und sind daher bestrebt, das Thema aus Marketinggründen in der Öffentlichkeit prominent zu platzieren.
- Außerdem wurde die EU-Verordnung REACH (Registration, Evaluation, Authorisation and Restriction of Chemicals) wiederholt angesprochen. Es wurde auf das Risiko hingewiesen, dass in Folge dieser Verordnung ver-

schiedene Produktionsstoffe in der näheren Zukunft nicht mehr am Markt angeboten werden. Daraus ergäben sich u. U. Kosten für die Suche nach Ersatzstoffen und ggfs. höhere Beschaffungskosten für diese.

Die Experten sahen einige Verordnungen nicht nur kritisch (Risiken, Kosten), sondern erkannten auch Chancen darin: So dürften sich nach der Meinung einiger Experten das EEG, die Energieeinspar-Verordnung, das KWK-Gesetz aber auch die generelle Klimaschutzpolitik positiv auf die Nachfrage bei Handwerks-, Baugewerbeleistungen (energetische Gebäudesanierung) auswirken, wie auch gegenüber Anbietern energiesparender und umweltschützender Technologien (energieeffiziente Technologien bei Pumpen, Druckluft etc.).

Expertenmeinungen zu neuen und kommenden Rechtsnormen und Verordnungen

Von den kommenden Rechtsnormen und Verordnungen hoben mehrere Experten die Ökodesign-Richtlinie und das EBPG als besonders mittelstandsrelevant hervor. Mit der Ökodesign-Richtlinie entsteht die Gefahr, dass neue Standards entstehen, die bisherigen Produkte schnell veralten lassen und Kosten für eine Anpassung mit sich bringen. Allerdings, so merken einige Experten hoffnungsvoll an, seien deutsche mittelständische Unternehmen gerade hier vielfach Vorreiter, so dass aus der Richtlinie heraus auch ein Wettbewerbsvorteil für diese entstehen kann.

Entsprechend differenziert sehen einige Experten auch die Folgen der sich weiter ausbreitenden Produkt- und Energie- sowie Wasserverbrauchskennzeichnung. Sie verursachen zwar zunächst zusätzliche Kosten für die Messung, Abnahme und das „Labelling“, bergen aber auch Chancen für die Unternehmen mit umweltfreundlichen Produkten sich positiv im Markt und damit bei den Kunden zu differenzieren.

Der Treibhausgasemissionshandel (Emissionsrechtehandel) wurde lediglich von einem Experten thematisiert. Seine Relevanz für mittelständische Unternehmen sei größtenteils gering. Für diejenigen, für die Emissionszertifikate Bedeutung haben, sieht der Experte Kostenrisiken, wenn diese nicht mehr kostenfrei zugeteilt werden. Und dies wäre in naher Zukunft sehr wahrscheinlich.

Grundsätzlich bezweifelten einige der Befragten (v. a. aus dem Lager der Wirtschaftsverbände) kritisch, ob der Gesetzgeber die richtigen Instrumente nutzt. Der Markt übe letztendlich den größten Einfluss auf das Verhalten der Unternehmen aus. Demnach sollten in der – kommenden – Gesetzgebung, besonders der Steuergesetzgebung deutliche ökonomische Anreize für ein energieeffizientes und umweltschutzorientiertes Unternehmertum geschaffen werden und weniger formale Gestaltungsvorschriften für Produkte und das Energie- und Umweltmanagement.

Expertenäußerungen zu Instrumenten und Konzepten für den Mittelstand

Die Meinung der Befragten zu den in der Praxis vorherrschenden Energie- und Umweltmanagementsystemen ist zweigeteilt, wenn auch das Meinungsbild gegenüber den Managementkonzepten und -instrumenten eher eine fundamental kritische Haltung vermittelt.

- Eine Gruppe gesteht den Systemen auch im Mittelstand „durchaus eine gewisse Anwendbarkeit" zu – eine allerdings eher diplomatisch-allgemeine Formulierung. Dabei wird wiederholt darauf hingewiesen, dass ISO 14000 und EMAS primär für große Unternehmen und EMAS easy, ÖKOPROFIT, Ecostep etc. primär für kleine und mittlere Unternehmen geeignet sind.
- Dem gegenüber stehen einige Befragte, die sehr deutlich das Ziel derartiger Systeme in Unternehmen als gescheitert ansehen, ja sogar vom Ansatz her als falsch bewerten.

Dazu stellt die Mehrheit der Experten als Probleme fest:

- Die mit der Umsetzung eines solchen Managementsystems verbundenen Kosten und der bürokratische Aufwand.
- Überdies gehen die Systeme vielfach nicht auf die individuellen Rahmenbedingungen der Unternehmen ein.
- Dementsprechend führten mittelständische Unternehmen bei Inanspruchnahme von Fördermitteln zwar derartige Systeme ein, eine Revalidierung erfolge ohne Förderung zumeist jedoch nicht. Und dennoch würden die Systeme noch z. T. weitergeführt.
- Viele Unternehmen beließen es daher bei der Erfüllung gesetzlicher Vorgaben.

So werden auch Vorschläge gegeben:

- Interessant würden solche Managementsysteme – auch für kleine Unternehmen – erst dann, wenn mit Ihrer Implementierung eine Ökosteuer-Entlastung einherginge, also ein ökonomischer Anreiz mitgegeben wird.
- Wichtiger als standardisierte Energie- und Umweltmanagementsysteme seien einigen Experten zufolge die Sensibilisierung der Unternehmen und das Anstoßen selbst laufender Prozesse. Dafür seien allerdings persönliche und individuelle Ansprachen der Unternehmer und der Einbezug aller Mitarbeiter nötig.
- Dazu muss den Unternehmen und Mitarbeitern kommuniziert werden, dass Energieeffizienz und Umweltmanagement Teil der Unternehmenskultur sein sollten.
- Das reine Bewerben und Institutionalisieren von Energie- und Umweltmanagement genüge nicht aus, um eine langfristige, genuine Motivation zu erzeugen.

Expertenmeinungen zu Sinn und Unsinn der Förderangebote

Die Experten waren sich einig, dass das Angebot an Förderprogrammen groß und vielfältig, daher aber auch sehr unübersichtlich ist. Ohnehin gäbe es nicht das generell optimale Programm zur Förderung von Energie- und Umweltverhalten in mittelständischen Unternehmen. Je nach Unternehmenstyp, -branche und -größe würden sich einzelne Förderprogramme von Bund oder Ländern anbieten. Die Förderprogramme der EU verursachten nach Einschätzung einzelner Experten jedoch zu viel bürokratischen Aufwand.

Es wurden von einem Großteil der Experten folgende Programme als sinnvoll und gerade für kleine und mittlere Unternehmen interessant hervorgehoben:

- der KfW Sonderfonds Energieeffizienz in KMU,
- die Beratungsförderung des BAFA sowie
- die BMU Impulsprogramme zu KWK und
- das Programm zur Förderung von Klimaschutzmaßnahmen an gewerblichen Kälteanlagen.

Weiterhin unterstützten viele der Befragten die offensichtliche These, dass Förderzuschüsse sinnvoller sind und auf größere Resonanz treffen als Förderdarlehen. Dies sei dem Umstand der oftmals geringen finanziellen Mittel in KMU geschuldet und, dass Kredite aus diesem Grunde eher für „wichtigere" Investitionen in Anspruch genommen würden.

Ebenso wird kritisiert, dass mittelständische Betriebe viele Förderangebote vielfach nur mit entsprechender Beratung / Betreuung beantragen und nutzten. Fehlendes Know-how und knappe personelle Ressourcen verhindern häufig eine selbständige Beschäftigung mit Förderprogrammen. Dies verdeutliche den Stellenwert von Qualifizierungsmaßnahmen für die Unternehmen auf den Gebieten Energie und Umwelt.

Meinungen zu den Beratungsangeboten zu Energie- und Umweltmanagement

Einige Experten konstatierten nüchtern, dass das Energie- und Umweltberatungsangebot die Nachfrage bei weitem übersteige.

Darüber hinaus sei die Qualitätssicherung zu den Beratungsleistungen ein Problem, da z. B. Energieberatung prinzipiell jeder anbieten könne. Im Umweltbereich hingegen gäbe es zumindest akkreditierte EMAS-Berater, was eine sinnvolle Qualifikationshürde darstellt und den interessierten Unternehmen etwas Sicherheit gibt.

Zwei Experten stellten unabhängig voneinander die These auf, dass primär freie, kommerzielle Berater die beste Qualität in der Betreuung liefern würden. Schließlich leben diese ja vom Erfolg ihrer Beratung bzw. des betreuten Unternehmens. Mehrere Berater verwiesen auf die Angebote der Kammern, als seriöse Partner und Betreuer.

Dagegen wurden von mehreren Experten die von Banken und Steuerberatern angebotenen Beratungsleistungen kritisch gesehen. Zwar wären diese nahe am Unternehmen, damit auch in solchen Fragen für kleine und mittlere Unternehmen häufig die erste Anlaufstelle und würden anfänglich keine zusätzlichen Kosten verursachen. Jedoch leisteten sie häufig auch keine Nutzen stiftende Beratung, da sie i. d. R. aus einer fachlich völlig anderen Position heraus (steuerliche oder finanzierungstechnische Sicht) die Aufgaben angehen würden.

Bewertendes Fazit

Die zwanzig in umfassenden telefonischen Interviews befragten Experten äußerten sich ...

- zu den bestehenden aber auch neuen und kommenden gesetzlichen Regelungen
- zu Instrumenten und Konzepten für den Mittelstand
- zu Sinn und Unsinn der Förderangebote und Beratungsleistungen.

Die Experten kamen dazu nicht immer zu einer einheitlichen Meinung:

- Es wurde deutlich, dass sich ein nahezu geschlossenes Bild der Meinungen über die Bedeutung der Ökosteuer und der Feinstaubverordnung für die kleinen und mittleren Unternehmen ergab. Während als Konsequenzen der Feinstaubverordnung mehrheitlich sichtbare Nachteile gerade für kleine Unternehmen konstatiert wurden, kamen die Experten zur Bedeutung der Kosten durch die Ökosteuer zu unterschiedlichen Einschätzungen, denn einige sahen den Energiemarkt als dominanteren Preistreiber.
- Die Experten raten den Unternehmen mehrheitlich, sich besonders dem Bundesimmissionsschutzgesetz, der Verpackungsverordnung, dem Abfallrecht und dem Wasserhaushaltrecht sowie der kommenden EU-Verordnung REACH zu widmen. Ökodesign-Richtlinie und das EBPG bergen die Gefahr, dass neue Standards und damit Anpassungsaufwand entstehen.
- Erstaunlich ist, dass keiner der Experten den neuen Rechtsnormen zur Umwelthaftung und dem Umweltschadensgesetz große Bedeutung beimisst. Hier ist es u. E. berechtigt zu fragen, ob die Experten die Haftungsrisiken für die vielfach ahnungslosen kleinen Unternehmen unterschätzen.
- Wichtig ist auch, dass die Experten nicht nur die primär mit Kosten verbundenen Nachteile der Verordnungen sahen, sondern auch die Chancen darin: So können EEG, die Energieeinspar-Verordnung und das KWK-Gesetz positive Nachfragewirkungen zeigen. Entsprechend differenziert sehen einige Experten die Folgen der sich weiter ausbreitenden Produkt- und Energie- sowie Wasserverbrauchskennzeichnungen, die im Markt mehr Transparenz aber auch Marketingargumente schaffen.
- Es wird wiederholt darauf hingewiesen, dass ISO 14000 und EMAS primär für große Unternehmen und EMAS easy, ÖKOPROFIT, Ecostep etc. primär für kleine und mittlere Unternehmen geeignet sind.

- Die Meinung der Befragten zu den in der Praxis vorherrschenden Energie- und Umweltmanagementsystemen ist zweigeteilt, wenn auch gegenüber den Managementkonzepten und –instrumenten eine eher kritische Haltung besteht. Kosten und Aufwand stehen nicht in Relation zum Nutzen der oft halbherzigen Umsetzung.
- Bei allen Experten ist auch die grundsätzliche Kritik zu erkennen, ob die Verordnungen das richtige Instrument sind und nicht besser der Markt die Veränderungen im Energie- und Umweltverhalten erzwingen sollte.
- Vielmehr sollten die Verordnungen aber auch die Förderungen mehr ökonomische Anreize mitgegeben. Und zudem sei es wichtiger, dass die Unternehmen und Mitarbeiter Energie- und Umweltmanagement intrinsisch motiviert angehen.
- Einigkeit bestand darin, dass das Angebot an Förderprogrammen sehr unübersichtlich ist und einige Experten konstatieren darüber hinaus, dass „das Angebot an Beratung größer als die Nachfrage ist", was allerdings eine nicht zu verifizierende Aussage darstellt.
- Gerade für kleine und mittlere Unternehmen seien der KfW Sonderfonds Energieeffizienz in KMU, die Beratungsförderung des BAFA sowie die BMU Impulsprogramme zu KWK und – sofern benötigt – das Programm zur Förderung effizienter Kälteanlagen interessant.
- Dabei sei es für die Unternehmen sinnvoll, sich auf Zuschüsse statt Darlehen zu konzentrieren und dass die Beantragung mit möglichst wenig oder ohne Unterstützung externer Berater realisierbar ist.
- Wo es die beste Beratung gibt, ist unter den Experten umstritten. Kammern und IHK werden positiv erwähnt, Beratung von Banken und Steuerberatern eher kritisch, die Qualität freier Berater wird nicht einheitlich positiv beschieden.

Das Meinungsbild der Experten stützt bis auf wenige Fragen (Umwelthaftungsrichtlinie) auch unsere Erkenntnisse aus den letzten Kapiteln. Ebenso wird der Trend zur Ausweitung der Kennzeichnungspflichten auch von uns so gesehen. Lediglich das Herausstellen der Verpackungsverordnung, des Abfallrechts und Wasserhaushaltsrechts durch die Experten stellt eine andere, neue Betonung im Umgang mit Energie- und Umweltmanagement dar.

6 Befragung in Unternehmen

6.1 Design und Durchführung

Ziel der Studie und das Design

Aufsetzend auf den bisherigen Analysen wurde von September bis November 2008 eine Befragung bei deutschen kleinen und mittleren Unternehmen durchgeführt. Ziel der Erhebung war es, zu ermitteln, was die Unternehmen von den gesetzlichen Vorgaben sowie Hilfen und Unterstützungen wissen und nutzen. Zudem wurden tatsächlicher Einsatz von EUM-Maßnahmen, Pläne dazu, Meinungen, Erwartungen, Probleme, Forderungen und auch Anforderungen an Ratgeber erhoben.

Im Vordergrund stand daher ein kurzer Fragebogen, der aufgrund seiner Länge und Gestaltung möglichst geringe Reaktanz und Ablehnung vor und im Interview bewirkt. Es wurden nur sehr wenige Rahmendaten erhoben, im Mittelpunkt stand vielmehr der Bezug zu EUM und den Ratgebern. Der wissenschaftliche Anspruch nach tiefer gehenden Fragen und Items musste allerdings hinter diesem Ziel zurückstehen.

Auf Adresslisten des Deutschen Instituts für kleine und mittlere Unternehmen im gesamten Bundesgebiet zurückgreifend wurden ausschließlich kleine und mittlere Unternehmen befragt.

Es wurden keine Freiberufler befragt. Zudem wurden Unternehmen angesprochen, von denen zu erwarten war, dass ihr Energieverbrauch über 100.000 kWh p. a. liegt, denn erst ab dieser Verbrauchsgröße dürfte das Thema überhaupt Bedeutung erlangen. Somit waren nur neun Unternehmen darunter, die weniger als den o. g. Betrag verbrauchen.

Die Befragten wurden telefonisch angesprochen (778) und wenn diese bereit und fähig waren, sofort befragt (508). Die Interviewer hatten neben der reinen Befragung auch die Aufgabe, Erläuterungen zu den Fragen zu geben – weshalb auch diese Form der Befragung gewählt wurde.

Dennoch wurde in einigen Fällen (87) der Fragebogen – nach einer kurzen Erläuterung durch die Interviewpartner – den Befragten zugesandt / per E-mail zugesandt und der Rücklauf abgewartet. Dazu wurde bei 81 Unternehmen telefonisch – zum Teil wiederholt – nachgehakt. Die Interviews dauerten daher sehr selten mehr als 20 Minuten. Die Befragung wurde von vier durch das Deutsche Institut für kleine und mittlere Unternehmen beauftragten professionellen Interviewern durchgeführt.

Die Fragen

Im Anhang findet sich der Fragebogen, der den Interviews zugrunde lag. Einleitend wurden nur zentrale Eigenschaften abgefragt bzw. durch die Telefonnummer festgehalten:

- In welcher Position befindet sich der Ansprechpartner.
- Welcher Branche gehört das befragte Unternehmen an.
- In welchem Bundesland ist das Unternehmen verortet.
- Welchen Energieverbrauch zeitigt das Unternehmen am Standort (als grobe Schätzung > bzw. < 100.000 kWh p. a. sowie, wenn vorhanden als exakte Angabe auf 10.000 kWh p. a. genau)

Es schlossen sich sodann Fragen zum EUM im befragten Unternehmen an:

- Einleitend sollte auf einem Rating angegeben werden, welche Bedeutung die Befragten der Energieeffizienz und dem Umweltschutz im eigenen Unternehmen beimessen, wobei implizit davon ausgegangen werden darf, dass dies auch die Meinung der Unternehmensführung ist. Dazu wurde ein 5-Stufen-Rating von sehr wichtig (4) bis unwichtig (0) vorgegeben.
- Ebenso auf einem Rating, allerdings mit 5 Stufen von sehr stark (4) bis gar nicht (0), sollten die Befragten den Einfluss von Faktoren wie z. B. gesetzlichen Vorgaben auf ihre EUM-Aktivitäten bemessen.
- In gleicher Weise sollte mit demselben Rating das Maß angegeben werden, in dem vorgegebene Faktoren die EUM-Aktivitäten im Unternehmen hemmen. Solche konnten z. B. der finanzielle Aufwand sein.
- Zu beiden Fragen konnten die Unternehmensvertreter noch je einen weiteren Faktor benennen und dazu auch ein Rating abgeben.
- Ergänzend sollte mit der Angabe, wo die Koordination des EUM im Unternehmen angesiedelt ist (Geschäftsführung, Mitarbeiter…), ein Indikator erfasst werden, welche Bedeutung EUM im Unternehmen tatsächlich besitzt.

Vertiefend wurden anschließend Fragen zu den EUM-Maßnahmen sowie dem relevanten Kenntnisstand im Unternehmen gestellt. Dies waren im Detail:

- Welche EUM – Maßnahmen werden im Unternehmen bereits umgesetzt und welche sind geplant. Dazu wurde eine Liste mit Items vorgegeben, die Befragten konnten aber auch weitere Maßnahmen benennen.
- Welche gesetzlichen Vorschriften sind im Unternehmen bekannt und welche Relevanz besitzen diese im Einzelnen für das Unternehmen? Es wurden Gesetze / Verordnungen vorgegeben. Auch hier war ein Nachtrag möglich.
- Welche Förderangebote sind im Unternehmen bekannt und welche wurden bereits genutzt? Es wurden einige Programme genannt, jeweils eine Ergänzung durch den Befragten war möglich.

In einem letzten Teil der Befragung wurden Meinungen bzw. Forderungen abgefragt. Diese waren zum einen singulär auf Ratgeber zum EUM und zum anderen generell auf das Unternehmensumfeld bezogen:

- Welche Anforderungen sollten Ratgeber zu EUM erfüllen? Zu den vorgegebenen Items konnten die Befragten auf einem 5-Stufen-Rating von „unwichtig“ (0) über „wenig wichtig“ (1), „wichtig“ (2), „sehr wichtig“ (3) bis zu „zentrale Forderung“ (4) antworten und auch jeweils eine Anforderung nachreichen.
- Es wurde weiter gefragt, wem für das Vorantreiben von EUM in Unternehmen eine Schlüsselrolle zukommt (als Treiber, Motivator und Anstoß), wozu Politik, Unternehmen selber, Verbände / Kammern etc. vorgegeben wurden.
- Zudem sollten die Befragten angeben, von wem die Unternehmen mehr Unterstützung bei der Umsetzung des EUM erwarten. Hier wurden die gleichen Institutionen / Gruppen vorgegeben.
- Auch zu den beiden letzten Fragen konnten die Befragten jeweils eine Gruppe frei benennen.

Neben dem exploratorischen Erhebungsziel sollen die Fragen und ihre Items auch der Überprüfung von einigen Eingangshypothesen dienen (konfirmatorische Sicht). Einige dieser (Ad-hoc-)Hypothesen wurden aus den Erkenntnissen des ersten Teils der vorliegenden Studie abgeleitet.

Der Thematik der Studie geschuldet, finden sich in den Hypothesen primär Aussagen mittlerer Reichweite, die z. T. auch recht nahe liegend und von begrenztem empirischem Gehalt sind:

- Je größer die Unternehmen und je höher ihr Energieverbrauch, desto größer wird die Bedeutung, die die Unternehmen dem EUM zumessen und desto größer sind Kenntnisse und Maßnahmen zu EUM im Betrieb.
- Energieeffizienz und Umweltschutz werden – allein schon, da diese Begriffe gesellschaftlich positiv bewertet werden – von den Unternehmen als sehr wichtig erachtet.
- Kosten sind der stärkste Einflussfaktor auf das Energie- und Umweltverhalten kleiner und mittlerer Unternehmen.
- Ebenso sind die damit verbundenen Kosten das größte Hemmnis gegen Energie- und Umweltmanagement.
- Energie- und Umweltmanagement wird in KMU primär „nebenher“ vom Geschäftsführer verantwortet und koordiniert, als begleitend zum Tagesgeschäft. Eine spezielle Stabsstelle „EUM“ ist daher in den Unternehmen selten zu finden.
- Die Mehrheit der KMU beschränkt sich auf Einzelmaßnahmen zu Energieeffizienz und Umweltschutz. Ein systematisches EUM z. B. nach E-MAS oder ISO wird – u. a. aufgrund der Kosten – nur selten betrieben.
- Die Bekanntheit der einzelnen Gesetze und Verordnungen zum Energie- und Umweltverhalten ist – insbesondere wenn sie keine Relevanz für das jeweilige Unternehmen haben –von ihrer öffentlichen Präsenz (z. B. in den Medien) abhängig. Dementsprechend lassen sich für die Öko-Steuer und die Feinstaubverordnung hohe Bekanntheitswerte erwarten.
- Die bei den KMU bekanntesten Förderprogramme zu Energie- und Umweltmanagement sind die der Kreditanstalt für Wiederaufbau (KfW).
- Programme, die Zuschüsse anstelle von Darlehen bieten, werden mehr als letztere (Darlehen) genutzt.
- Wichtigste Eigenschaft eines Ratgebers zu EUM für kleine und mittlere Unternehmen ist, dass dieser die KMU vom Nutzen überzeugt. Zweit wichtigstes Kriterium in den Augen der KMU wird sein, dass er „Erste Schritte“ aufzeigt.
- Es ist zu erwarten, dass die KMU zuerst sich selbst, und an zweiter Stelle die Politik und die Verbände in einer Schlüsselrolle für das Vorantreiben von Energieeffizienz und Umweltschutz sehen.

Pretest

Es wurde mit 15 Testpersonen und mit den vier Interviewern ein Pretest durchgeführt, um zu prüfen, ob die Fragen verständlich sowie eindeutig zu verstehen und zu beantworten sind. Es wurden nur geringfügige sprachliche Änderungen am zugrunde liegenden Fragebogen vorgenommen.

6.2 Auswertung

Die Art der Fragen und die Skalierung der Antworten dazu lässt nur eine – wenn auch hier gewollte – einfache statistische Auswertung zu. Insbesondere die Zustimmung / Ablehnung der Befragten zu den o. g. Aussagen-Items gibt der Interpretation im späteren Kapitel mehr Raum. Auch die o. g. Eingangshypothesen verlangen keine tiefer gehende statistische Analyse.

6.2.1 Zur Auswertung

Die telefonischen Interviews wurden von vier Interviewern durchgeführt. Ein Vergleich der Teilsamples der einzelnen Interviewer ergab keine signifikanten Unterschiede.

6.2.2 Das Sample

Ansprechpartner, Branche und Verortung

Es wurden ausschließlich kleine und mittlere Unternehmen befragt, darin im Wesentlichen die Geschäftsführer, wie die nebenstehende Tabelle und Graphik wiedergeben. Wurden keine Angaben (k. A.) gemacht, hat der Interviewer diese nicht explizit erfasst bzw. wurden diese aus dem zurückgesandten Bogen nicht klar ersichtlich.

Funktion	**abs. Häufigkeit**	**Anteil**
Geschäftsführer	284	56,5%
Produktionsleiter oder vergleichbar	156	31,0%
Umweltbeauftragter	31	6,2%
Assistent der Geschäftsführung	28	5,6%
keine Angaben	4	0,8%
Summe	503	100,0%

Tab. 10: Verteilung der befragten Unternehmensvertreter (abs. und rel. Häufigkeiten)

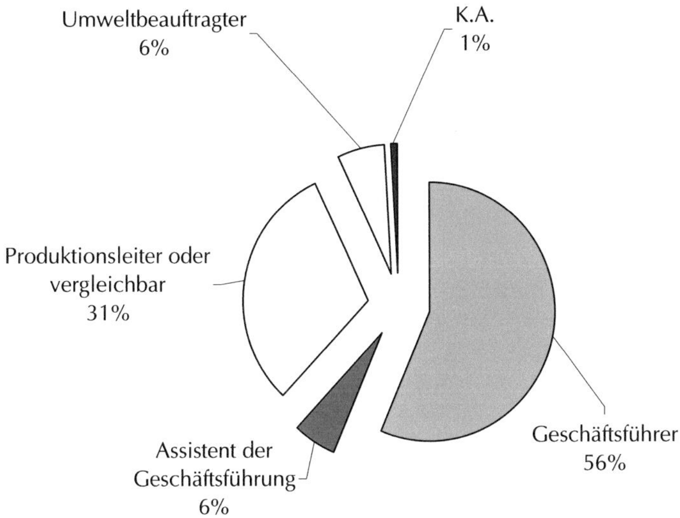

Abb. 4: Verteilung der befragten Unternehmensvertreter (rel. Häufigkeiten)

Gewerbe / Sektor	**abs. Häufigkeit**	**Anteil**
klassisches, verarbeitendes Gewerbe	157	30,9%
Handwerk	91	17,9%
Einzelhandel	72	14,2%
gewerb. Dienstleistungen inkl. IT und Finanzen	51	10,0%
Baugewerbe	32	6,3%
Hotel- und Gastgewerbe	31	6,1%
Transport	22	4,3%
Großhandel	19	3,7%
Vermietung	14	2,8%
Land- und Forstwirtschaft, Gartenbau	2	0,4%
sonstige	9	1,8%
keine Angaben	8	1,6%
Summe	508	100,0%

Tab. 11: Verteilung der befragten Untenehmen nach Branche (abs. und rel. Häufigkeiten)

Die Angaben der Befragten zu Ihrer Branchenzugehörigkeit wurden in der Auswertung in Gruppen zusammengefasst, deren Aufstellung sich an denen des Statistischen Bundesamtes orientiert. Die deutsche Branchenstruktur wird über das Sample allerdings nur sehr grob abgebildet – vielmehr kommt hier der Einfluss der zufälligen Auswahl der Befragten zum Tragen.

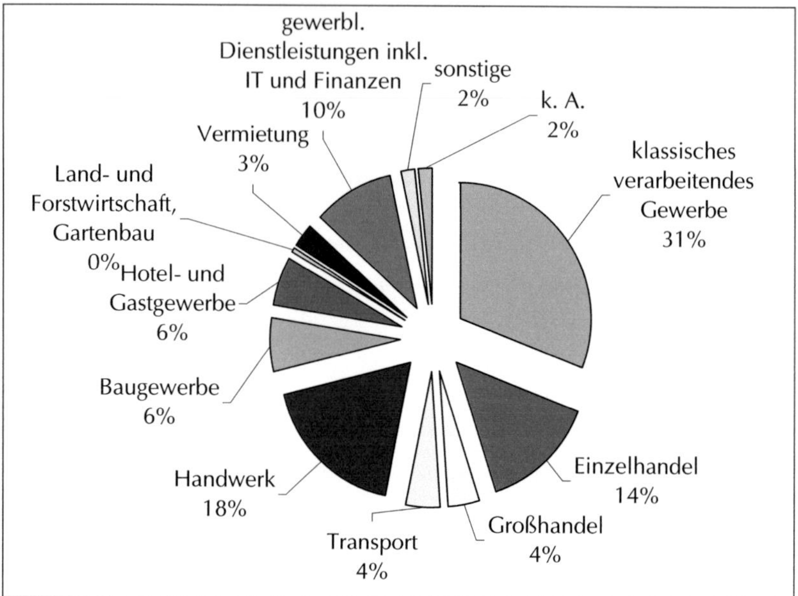

Abb. 5: Verteilung der befragten Untenehmen nach Branche (rel. Häufigkeiten)

Durch das Zufallsprinzip bestimmt war auch die Wahl der Standorte der befragten Unternehmen in den einzelnen Bundesländern. Desgleichen gilt somit auch für die Verortung. Erstaunlicherweise wird die deutsche Unternehmenslandschaft durch die Häufigkeitsverteilung grob proportional abgebildet. Abweichungen sind ohnehin für die weiteren Analysen unschädlich.

Alte Bundesländer	433	85,7%
Neue Bundesländer	72	14,3%
Summe	505	100,0%

Tab. 12: Verteilung der befragten Untenehmen in den neuen / alten Bundesländern (abs. und rel. Häufigkeiten)

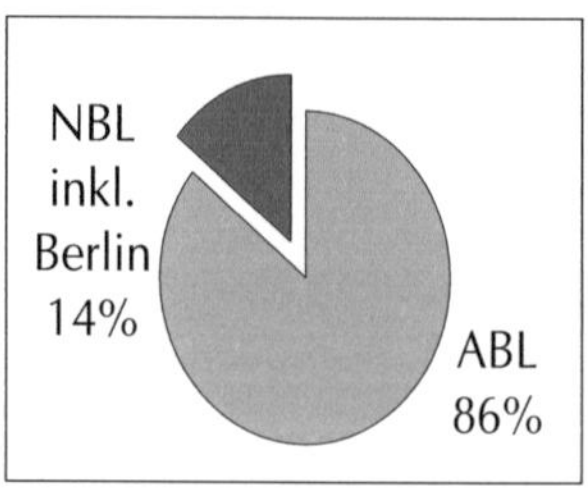

Abb. 6: Verteilung der befragten Untenehmen in den neuen / alten Bundesländern (rel. Häufigkeiten)

Bundesland	abs. Häufigkeit	Anteil
Baden-Württemberg	44	8,7%
Bayern	58	11,4%
Bremen	2	0,4%
Hamburg	19	3,7%
Hessen	12	2,4%
Niedersachsen	55	10,8%
Nordrhein-Westfalen	112	22,0%
Rheinland-Pfalz	36	7,1%
Saarland	9	1,8%
Schleswig-Holstein	21	4,1%
Berlin	16	3,1%
Brandenburg	14	2,8%
Mecklenburg-Vorpommern	21	4,1%
Sachsen	39	7,7%
Sachsen-Anhalt	21	4,1%
Thüringen	26	5,1%
keine Angaben (festgehalten)	3	0,6%
Summe	508	100,0%

Tab. 13: Verteilung der Unternehmen nach Verortung in den deutschen Bundesländern (abs. und rel. Häufigkeiten)

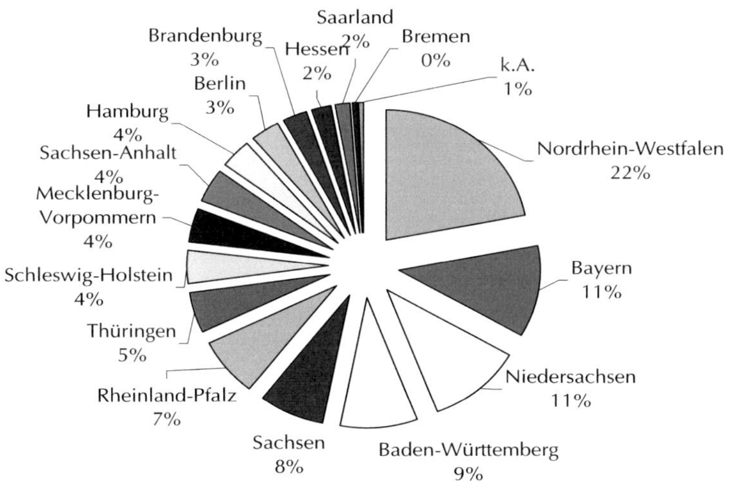

Abb. 7: Verteilung der Unternehmen nach Verortung in den deutschen Bundesländern (rel. Häufigkeiten)

Wer ist im Unternehmen koordinativ für EUM zuständig?

Danach befragt, wurde die Geschäftsführung am häufigsten genannt, nahezu mit gleicher Zahl die jeweiligen Abteilungsleiter.

Funktion	abs. Häufigkeit	Anteil
Geschäftsleitung	187	36,8%
Abteilungsleiter	169	33,3%
Stabstelle	84	16,5%
jeder einzelne Mitarbeiter	58	11,4%
Sonstiges	0	0,0%
keine Angaben	10	2,0%
Summe	508	100,0%

Tab. 14: Wer ist in den Unternehmen koordinativ zuständig? (abs. und rel. Häufigkeiten)

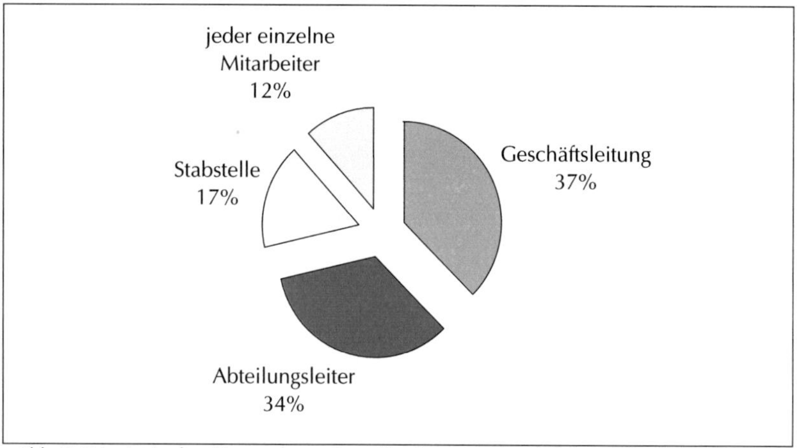

Abb. 8: Wer ist in den Unternehmen koordinativ zuständig? (rel. Häufigkeiten)

In über 10% der Unternehmen ist jeder Mitarbeiter (für seinen Bereich) zuständig, ohne dass es eine zentrale Koordination gibt – allerdings dürfte dies in den benannten Unternehmen real doch anders ablaufen. Denn inwiefern eine solche, dezentrale EUM-Zuständigkeit/-Koordination Sinn macht und überhaupt funktioniert, hängt in hohem Maße von der Unternehmenskultur und dem EUM entgegengebrachten Commitment ab. Demzufolge sind verlässliche Aussagen über die tatsächliche Zuständigkeit für die EUM-Koordination in diesen Unternehmen nur schwer möglich. Wurden keine Angaben gemacht, konnten die Befragten nicht sagen, wer zuständig ist oder es muss davon ausgegangen werden, dass im Unternehmen die Koordination von EUM-Maßnahmen nicht explizit thematisiert wurde. Damit wird die Eingangshypothese, dass EUM größtenteils „nebenher" durch die Geschäftsführung verantwortet und koordiniert wird, bestätigt.

6.2.3 Energieverbrauch der Unternehmen

Ein überraschendes Ergebnis zeigt sich beim Energieverbrauch der Unternehmen. Dies ist weniger überraschend aufgrund der Verteilung des Verbrauchs an sich, sondern vielmehr in dem Umstand begründet, dass die Befragten ihren Verbrauch nur grob oder gar nicht benennen konnten:

- So konnten nur 331 Befragte (= 65%) überhaupt eine Einschätzung abgeben, 35% (177) konnten gar keine Angaben machen.
- Nur 159 Befragte (= 31%) konnten exakte Angaben (auf 10 TKWh p. a. genau) machen, deren Mittelwert 320.000 KWh p. a. betrug.
- Alle diejenigen Unternehmen, zu denen ein exakter Wert benannt werden konnte, befanden sich in der Gruppe der Unternehmen mit über 100.000 KWh p. a. Verbrauch, die insgesamt 322 Unternehmen umfasste. 9 Unternehmen lagen unter diesem Wert, aber wohl nur gering, so dass sie im Sample verbleiben können.

6.2.4 Einflüsse auf das EUM in den Unternehmen

Was beeinflusst – positiv wie negativ – das Energie- und Umweltverhalten der Unternehmen? Dies wurde über zwei Item-Batterien mit einem 5er-Rating abgefragt.

Item: Einflussfaktor	**Mittelwert**	**N**
Kosteneinsparungen	2,65	507
gesetzliche Vorgaben	2,56	503
Umwelt- und Klimaschutz	1,90	426
gesellschaftliche Erwartungen	0,80	487
Kundenwünsche	2,83	105
Konkurrentenverhalten	2,45	157

Tab. 15: Wertung des Einflusses von Faktoren auf das Energie- und Umweltverhalten in den Unternehmen (Mittelwerte sowie abs. Häufigkeiten der Nennungen dazu)

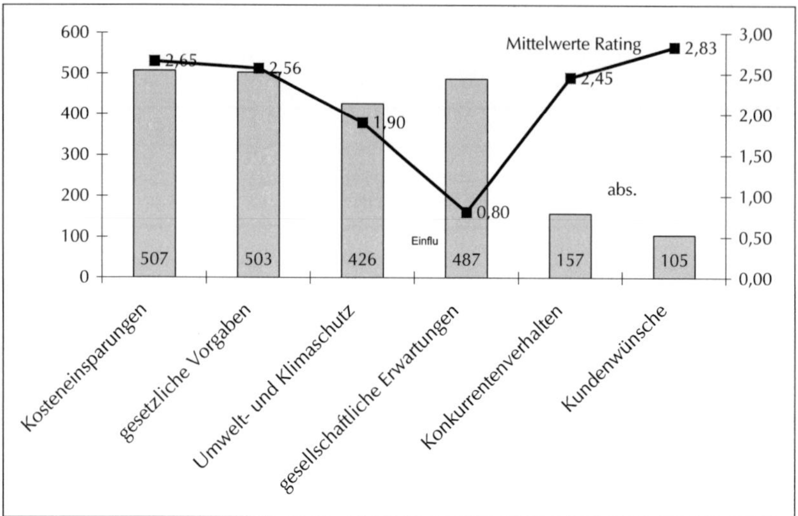

Abb. 9: Wertung des Einflusses von Faktoren auf das Energie- und Umweltverhalten in den Unternehmen (Mittelwerte sowie abs. Häufigkeiten der Nennungen dazu)

Zunächst waren grundsätzliche Einflussfaktoren zu bewerten. Hierzu wurde ein Rating von 0 (kein Einfluss) bis 4 (sehr starker Einfluss) vorgegeben. Den stärksten Einfluss verzeichnen die Faktoren Kosteneinsparung und gesetzliche Vorgaben, mit einem Mittelwert nahe „starker Einfluss", und dies bei hoher Zahl von Nennungen (bei beiden über 500).

Umwelt- und Klimaschutz als Argument für EUM-Maßnahmen fällt dagegen ab, liegt im Mittel etwa bei „merklicher Einfluss" während gesellschaftliche Erwartungen fast keinen Einfluss auf das Energie- und Umweltverhalten der Unternehmen besitzen.

Größere Bedeutung haben dagegen schon die von den Befragten wiederholt (über 100 Nennungen) benannten Faktoren Konkurrentenverhalten und Kundenwünsche. Diese zeigen – auch alleine schon aus dem Faktum heraus, dass sie aktiv genannt wurden – sehr hohe Mittelwerte im Rating, nahe „starker Einfluss". Druck von Außen und Kostenminderung treiben also deutlich mehr, als gesellschaftliche Verantwortung und Bewusstsein, womit auch diese Eingangshypothese bestätigt wird.

Dieser fehlende Druck wird zudem von den Befragten als starker bis sehr starker Einfluss hervorgehoben, wenn es um hemmende Faktoren für das

Energie- und Umweltverhalten geht. Ähnlich bedeutend sind Personalmangel und Behinderungen durch interne Entscheidungsprozesse, wobei letzteres wahrscheinlich durch andere Faktoren, ggf. auch von den unten aufgeführten, bestimmt wird. Deutlich geringerer Einfluss wird einer mangelnden Mitarbeiterakzeptanz zugemessen. Damit kann die eingangs formulierte Hypothese, dass Kosten auch das größte Hemmnis gegen EUM darstellen, nicht oder nur unter der Bedingungen hoher Nennungshäufigkeiten bestätigt werden. Personalmangel und äußerer Druck wiegen hier noch schwerer.

Item: Einflussfaktor	**Mittelwert**	**N**
Personalmangel	3,14	503
finanzieller Aufwand	2,83	463
fehlendes Know-how	2,03	479
mangelnde Mitarbeiterakzeptanz	1,28	435
fehlender Druck	3,41	92
Interne Entscheidungsprozesse	2,97	104
Kundenwünsche	2,50	14

Tab. 16: Wertung der hemmenden Faktoren auf das Energie- und Umweltverhalten in den Unternehmen (Mittelwerte sowie abs. Häufigkeiten der Nennungen dazu)

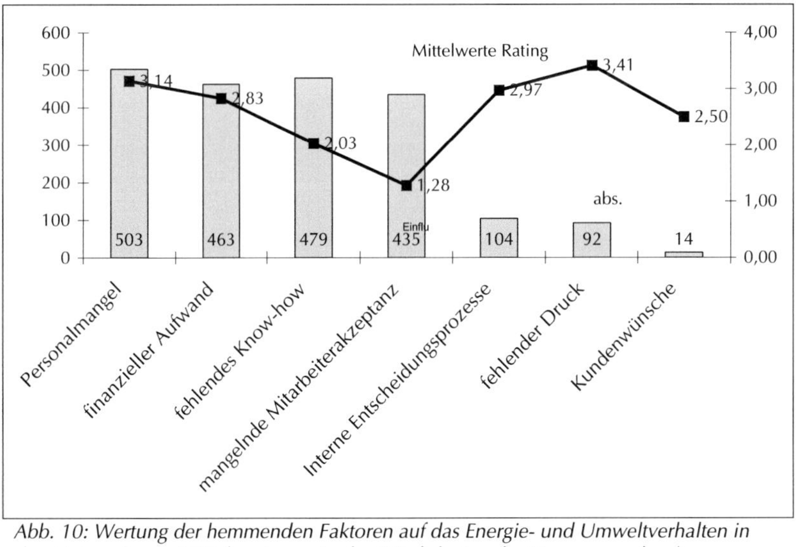

Abb. 10: Wertung der hemmenden Faktoren auf das Energie- und Umweltverhalten in den Unternehmen (Mittelwerte sowie abs. Häufigkeiten der Nennungen dazu)

6.2.5 Energie- und Umweltmaßnahmen in den Unternehmen

Es wurden von den Befragten deren Aktivitäten zum Energie- und Umweltmanagement benannt, von Einzelmaßnahmen bis hin zum systematischen Vorgehen nach z. B. EMAS oder ISO. Es wurde gefragt, ob diese Maßnahmen bereits ergriffen wurden oder geplant sind. Die Antworten zu den jeweiligen Items schließen sich dabei aus. Allerdings zeigen die Antworten nicht, in welchem Umfang und Präzision diese Maßnahmen umgesetzt wurden bzw. werden sollen. Die Interviewer hatten hier die Aufgabe, den befragten vorab deutlich zu machen, dass die benannten Maßnahmen sowohl unternehmensweit als auch kontinuierlich umgesetzt sein müssen, um die Frage bejahen zu dürfen.

	umgesetzt		**geplant**	
Item: EUM-Maßnahme	abs.	rel.	abs.	rel.
Vermeidung unnötiger Abfälle (z. B. Verpackungen)	467	92%	35	7%
Müllsortierung	409	81%	48	9%
Nutzung besonders energieeffizienter Maschinen/Motoren /Elektrogeräte	356	70%	77	15%
Öffentliche Verkehrsmittel statt Firmenwagen	227	45%	16	3%
Nutzung von Abwärme	128	25%	67	13%
Wiedereinsatz von Brauchwasser z. B. für WC-Spülung	111	22%	21	4%
Systematische Energieverbrauchserfassung und -auswertung	89	18%	141	28%
Regionale/nationale Beschaffung statt Global Sourcing	89	18%	32	6%
Videokonferenzen statt Geschäftsreisen	56	11%	5	1%
Auswahl von Geschäftspartnern aufgrund deren EUM	49	10%	12	2%
Regelmäßige Mitarbeiterschulungen zu EUM	31	6%	78	15%
Systematisches EUM (z.B. EMAS, ISO, ÖKOPROFIT etc.)	12	2%	256	50%
Sonstiges (freie Antwort)	0	0%	0	0%

Tab. 17: Nennungen, welche EUM-Aktivitäten in den Unternehmen bereits umgesetzt wurden bzw. welche geplant sind (abs. Häufigkeiten, rel. Häufigkeit bezogen auf 508 Befragte)

Ebenso wird offensichtlich, dass zumindest zu einigen Items auch eine gewisse Wünschbarkeit in den Antworten enthalten ist, so z. B. bei der hohen Zahl der Nennungen zur Planung eines systematischen EUM. Nur 12 Unternehmen hingegen konnten von einem systematischen EUM berichten, was auf die Gesamtzahl der Befragten bezogen gerade einmal gut 2% bedeutet. Wiederum ist dieser Wert höher als aus früheren Studien bekannt.

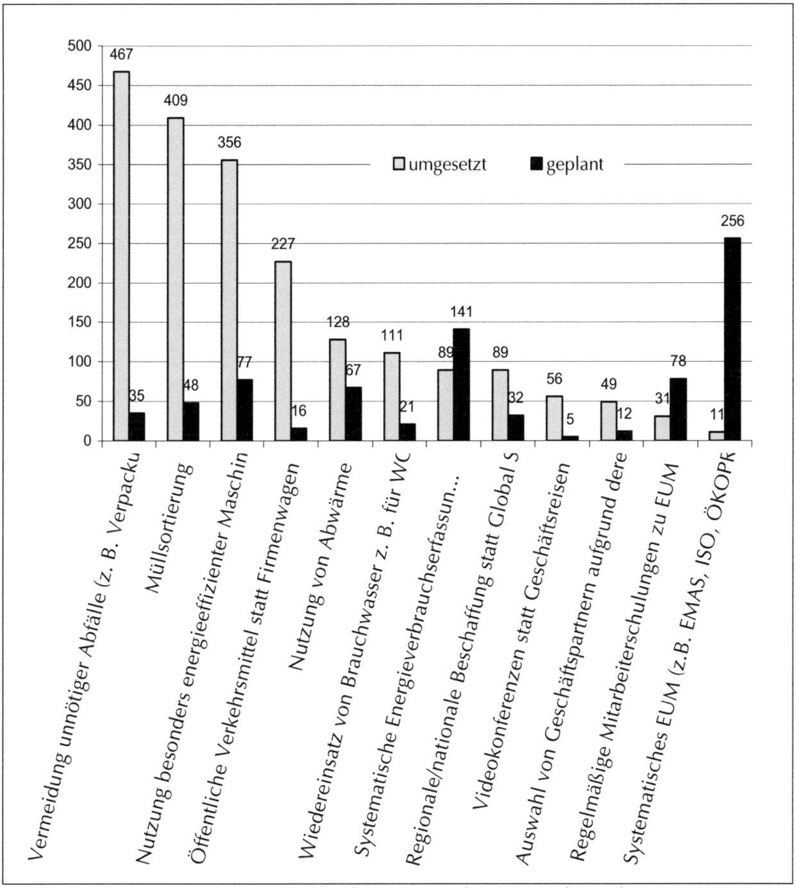

Abb. 11: Nennungen, welche EUM – Aktivitäten in den Unternehmen bereits umgesetzt wurden bzw. welche geplant sind (abs. Häufigkeiten)

Wiederum ist eine Reihe von Maßnahmen nur in bestimmten Betriebsformen anwendbar und sinnvoll, so z. B. Nutzung von Abwärme, Videokonferenzen und beim Wiedereinsatz von Brauchwasser. Einfache Maßnahmen, wie Müllsortierung und Vermeidung von unnötigen Abfällen können allerdings überall angegangen werden und sind allein schon deshalb mit hoher Zahl von Nennungen gezeichnet. Bemerkenswert ist die hohe Zahl der geplanten Erfassungen des Energieverbrauchs ggü. der Zahl der bisher vorgenommenen. U. U. hat hier allein schon die Befragung angeregt, mehr zu tun (siehe auch oben Kapitel 6.2.3).

Die geringe Zahl derjenigen, die anstelle eines Global Sourcings auf regionale bzw. nationale Lieferanten zurückgreift (18%) zeigt zudem, welche geringe Bedeutung langfristige Ziele zum EUM in den Unternehmen besitzen. Die Vermeidung unnötiger Emissionen bei der Beschaffung von ihren Zulieferern scheint in den Unternehmen hinter ökonomischen Zielen eindeutig zurück zu stehen. Und so planen auch nur 6% derartige Maßnahmen.

Vor diesem Hintergrund erscheint wiederum die große Zahl der Unternehmen erstaunlich, die anstelle von PKW den Öffentlichen Personennahverkehr (ÖPNV) bevorzugen (45%) oder dies zumindest planen (3%). Hier stellt sich die Frage, inwiefern zuvor größere Firmenwagenflotten vorhanden waren oder ob die Geschäftstätigkeit der Unternehmen Firmenwagen von vornherein als wenig sinnvoll qualifiziert.

Ebenso wird deutlich, dass in den befragten Unternehmen das Primat des Geschäftserfolgs über das der gesellschaftlichen Verantwortung (CSR- Corporate Social Responsibilty) dominiert – und dies trotz der doch großen Bedeutung, die die Unternehmen dem EUM beimessen. Nur 10% der Befragten gaben an, ihre Geschäftspartner aufgrund deren EUM auszuwählen, weitere 2% planen dies zu tun. Die von Großunternehmen mittlerweile allein schon aus Imagegründen betriebene CSR scheint somit in KMU noch keine große Relevanz zu besitzen. Gründe dafür können zum einen der größere wirtschaftliche Erfolgsdruck auf KMU, zum anderen der ohnehin geringe Einfluss gesellschaftlicher Erwartungen auf deren Geschäftsverhalten sein (vgl. Ausführungen dazu in den vorherigen Kapiteln).

Zusätzliche Maßnahmen wurden von den Befragten nicht aktiv genannt. Es bestätigt sich aber insgesamt die o. g. Eingangshypothese, dass es in KMU überwiegend bei Einzelmaßnahmen bleibt und systematisches EUM kaum betrieben wird.

6.2.6 Kenntnisse in den Unternehmen

Weiter wurde gefragt, welche Kenntnisse in den Unternehmen zu den wichtigen gesetzlichen Regelungen vorhanden sind und welche Relevanz diese Gesetze für das jeweilige Unternehmen besitzen. Die Interviewer hatten die Aufgabe, den Befragten vorab zu vermitteln, dass der Begriff „bekannt" hier bedeutet, dass man im Unternehmen weiß, welche groben Regelungen mit dem Gesetz / der Verordnung verbunden sind und welche Konsequenzen dies für das eigene Unternehmen hat.

	bekannt		**relevant**	
Item: Verordnung / Gesetz	abs.	rel.	abs.	rel.
Verpackungsverordnung (VerpackV)	467	93%	378	75%
Feinstaubverordnung und Umweltzonen	459	91%	299	59%
Öko-Steuer (ökologische Steuerreform)	427	85%	349	69%
Elektro- und Elektronikgerätegesetz (ElektroG)	311	62%	96	19%
Bundes-Immissionsschutz-Gesetz (BImSchG)	234	47%	101	20%
Eneuerbare-Energien-Gesetz	201	40%	113	22%
Umweltschadensgesetz (USchadG), Umwelthaftungsgesetz (UmweltHG)	178	35%	89	18%
Treibhausgas-Emissionshandelsgesetz (TEHG), Zuteilungsgesetz 2012 (ZuG 2012)	161	32%	21	4%
Energieeinspargesetz (EnEG), Energieeinsparverordnung (EnEV)	156	31%	298	59%
Wasserhaushaltsgesetz	142	28%	85	17%
Ökodesign-Richtlinie bzw. Energiebetriebene-Produkte-Gesetz (EBPG)	122	24%	99	20%
Energieverbrauchskennzeichnungsgesetz (EnVKG), Energieverbrauchskennzeichnungsverordnung (EnVKV), Verordnung über Energieverbrauchshöchstwerte von Geräten (EnVHV)	93	18%	93	18%
Kreislaufwirtschafts- und Abfallgesetz (KrW-/AbfG)	67	13%	59	12%
Sonstiges (freie Antwort)	0	0%	0	0%

Tab. 18: Nennungen, welche EUM – bezogenen gesetzlichen Regelungen in den Unternehmen bekannt und welche davon auch relevant sind (abs. Häufigkeiten, rel. Häufigkeit bezogen auf 508 Befragte)

Die in der Öffentlichkeit ausführlich diskutierten Verpackungs- und Feinstaubverordnungen dominieren erwartungsgemäß, auch in Ihrer Relevanz für die Unternehmen. Zusätzliche Maßnahmen wurden von den Befragten nicht aktiv genannt. Hier ist also noch erheblicher Aufklärungs- und Nachholbedarf zu erkennen. Auffällig, da ein umgekehrtes, gleichwohl bedenkliches Verhältnis: Die Zahl der Betriebe, für die das Energieeinspargesetz relevant ist, ist fast doppelt so hoch die Zahl der Betriebe in denen es bekannt ist.

Gleichwohl ist gerade letztere Einschätzung (der Relevanz) von der Bekanntheit der Gesetze abhängig. Der Interviewer hatte im Falle dessen, dass ein Gesetz nicht bekannt ist, die Aufgabe, kurze Erläuterungen zu geben.

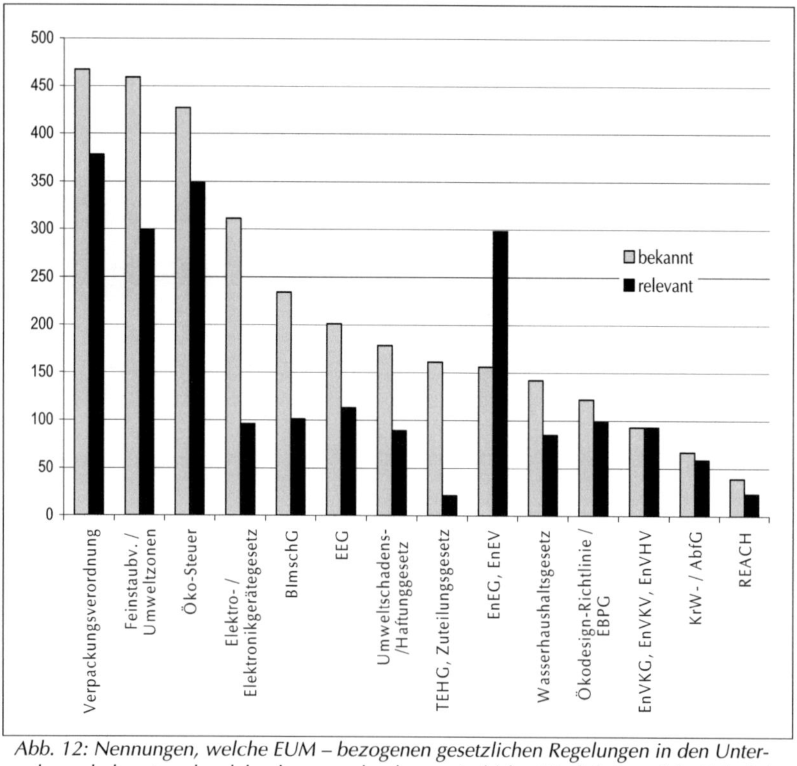

Abb. 12: Nennungen, welche EUM – bezogenen gesetzlichen Regelungen in den Unternehmen bekannt und welche davon auch relevant sind (abs. Häufigkeiten siehe Tabelle)

Bemerkenswert ist die geringe Bekanntheit (47%) des Bundes-Immissionschutz-Gesetzes (BImSchG) sowie die Anzahl der Unternehmen, die dem BImScmG Relevanz beimessen (20%). Da die Zusammensetzung des Samples eine weit größere Relevanz des BImSchG für die befragten Unternehmen vermuten lässt, kann dieses Ergebnis nur auf extrem mangelhafte Kenntnisse des Umweltschutzrechts bei den Antwortenden zurückgeführt werden. Ebenso könnte die (mediale) Präsenz anderer Gesetze / Verordnungen in jüngster Zeit dazu beigetragen haben, dass diese den Antwortenden stärker im Geiste präsent sind und dadurch eine große subjektive Relevanz erlangen.

Gleichwohl zeigt dies, dass – wie als Eingangshypothese formuliert – primär die öffentliche Präsenz der Gesetze / Verordnungen und weniger ihre Relevanz den Bekanntheitsgrad bestimmt.

Jenseits dieser Kenntnisse wurde ferner nach der Kenntnis von Förderprogrammen gefragt. Dazu wurden die wichtigsten, bundesweiten Programme benannt. Zudem sollte angegeben werden, ob die Programme auch genutzt wurden / werden. Zusätzliche Maßnahmen wurden allerdings von den Befragten nicht aktiv genannt.

	bekannt		**genutzt**	
Item: Förderprogramm	abs.	rel.	abs.	rel.
Umweltunternehmensberatung für KMU (BAFA)	428	85%	132	26%
Marktanreizprogramm zur Förderung Erneuerbarer Energien (BMU/BAFA)	389	77%	71	14%
Energieeffizienzberatung (KfW Sonderfonds Energieeffizienz in KMU)	306	61%	221	44%
KfW-Umweltprogramm	231	46%	169	34%
Impulsprogramm zur Förderung von Mini-KWK-Anlagen (BMU/BAFA)	229	46%	21	4%
KfW Umwelt- und Energiesparprogramm	212	42%	89	18%
KfW ERP-Energieeffizientprogramm	208	41%	111	22%
Impulsprogramm für gewerbliche Kälteanlagen (BMU/BAFA)	152	30%	69	14%
Weitere (freie Antwort)	0	0%	0	0%

Tab. 19: Nennungen, welche EUM-bezogenen Förderprogramme in den Unternehmen bekannt und welche davon auch schon genutzt wurden (abs. Häufigkeiten, rel. Häufigkeiten bezogen auf 508 Befragte)

Etwa 40% derjenigen, die die Programme kennen, nutzen sie auch. Die Relation von Bekanntheit und Nutzung vermittelt einen Eindruck davon, welche Attraktivität und Anwendungsbreite die Programme besitzen: Je größer die Differenz von Bekanntheit zu Nutzung, desto geringer sind diese. Dies ist z. B. beim Marktanreizprogramm genauso deutlich, wie beim Programm für die Mini-KWK-Anlagen. Bei letzterem ist der begrenzte Nutzerkreis offensichtlich, bei ersterem ist dies so nicht zu erklären. Auf die Frage, ob Förderprogramme mit Zuschüssen gegenüber Programmen mit Darlehen bevorzugt werden, vermögen die Befragungsergebnisse keine eindeutige Antwort zu geben. Die oben formulierte These wird daher nicht bestätigt.

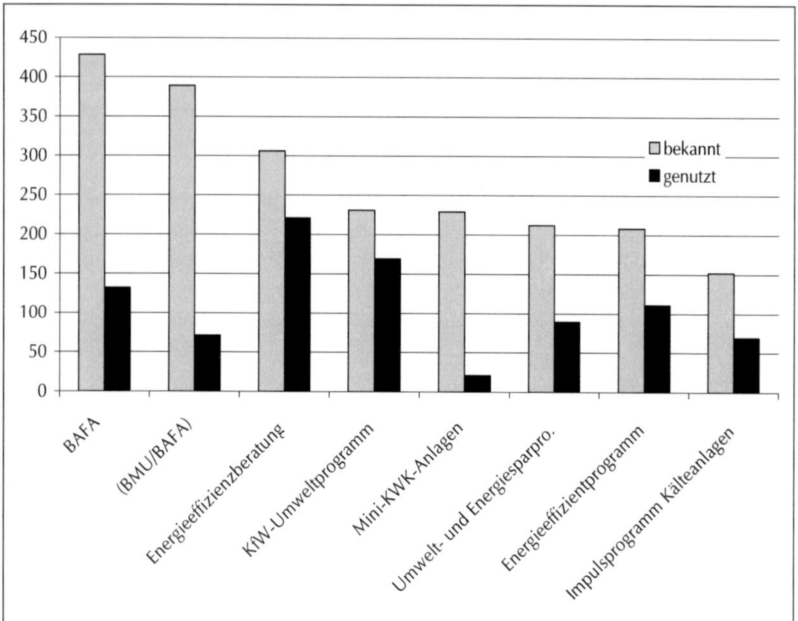

Abb. 13: Nennungen, welche EUM-bezogenen Förderprogramme in den Unternehmen bekannt und welche davon auch schon genutzt wurden (abs. Häufigkeiten siehe Tabelle)

6.2.7 Anforderungen an EUM-Ratgeber

Zu einer vorgegebenen Batterie von Items sollten Anforderungen der Unternehmen an Ratgeber zum EUM bewertet werden. Dazu stand den Befragten ein Rating von 0 (unwichtig) bis 4 (zentrale Forderung) zur Verfügung.

Wichtigste Anforderung ist der Hinweis auf erste Schritte zum EUM (Mittelwert entspricht „sehr wichtig". Große Bedeutung haben die aktiv genannten Anforderungen, dass die Ratgeber kostenlos und sofort verfügbar sein sollten (nahe „sehr wichtig"). Praxisbezug, Verständlichkeit und Hinweise auf Fördermittel sind ebenso wichtig, weniger wichtig hingegen die Überzeugungsfähigkeit und die Ganzheitlichkeit der Ratgeberinhalte.

Item: Anforderungen an EUM-Ratgeber	**Mittelwert**	**N**
Er muss konkrete „Erste Schritte" aufzeigen.	3,04	489
Er muss leicht verständlich und praxisnah sein.	2,44	493
Er muss geeignete Förderprogramme benennen.	2,33	496
Er muss über Konzepte zum EUM informieren.	2,09	386
Er muss über relevante Rechtsnormen informieren.	1,40	461
Er muss auf weitere Ratgeber und Beratungsangebote hinweisen.	1,33	493
Er muss einen ganzheitlichen aber dennoch kompakten Einstieg in die Thematik ermöglichen.	1,24	288
Er muss uns von Energie- und Umweltmanagement überzeugen.	1,24	271
Er muss kostenlos und sofort verfügbar sein.	2,76	143

Tab. 19: Bewertung von Anforderungen an EUM-Ratgeber (Rating-Mittelwert, abs. Häufigkeiten)

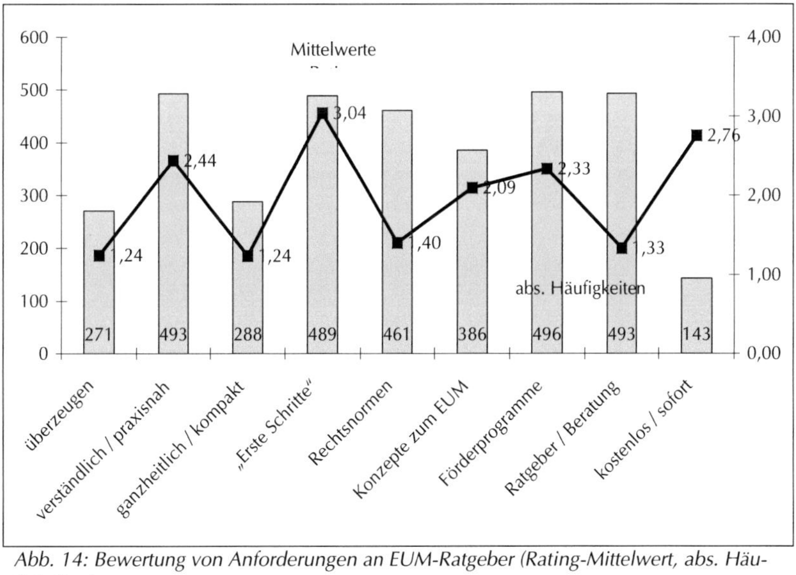

Abb. 14: Bewertung von Anforderungen an EUM-Ratgeber (Rating-Mittelwert, abs. Häufigkeiten)

Die Erkenntnis, dass die Überzeugungsfähigkeit der Ratgeber weniger wichtig für die Unternehmen ist, impliziert, dass die Unternehmen bereits weitgehend von der Sinnhaftigkeit von EUM überzeugt sind. Dies widerspricht jedoch der geringen Zahl von Befragten, die EUM im Unternehmen bereits systematisch umsetzen (s. o.). Erklären lässt sich dieses Ergebnis wohl nur mit dem Versuch der Befragten, den (gesellschaftlichen) Erwartungen zu genügen. Die dazu gehörige, o. g. Eingangshypothese wird daher in ihrer engen Auslegung nicht bestätigt.

6.2.8 Meinungsbild – Bedeutung von EUM und die Zuständigkeiten zum EUM

Bereits zu Anfang des Interviews wurde den Befragten eine Bewertung abverlangt, welche Bedeutung Energieeffizienz und Umweltschutz in ihrem Unternehmen besitzen. Dazu wurde ein 5-Stufen-Rating von 0 (= unwichtig) bis 4 (= sehr wichtig) vorgegeben. 503 Befragte gaben hierzu eine Antwort, deren Mittelwert bei 3,14 lag, also etwa mit „wichtig" zu verbalisieren ist. Dies entspricht auch dem Modalwert der Antworten im Rating. 451 der befragte Unternehmen (= 90% von N = 503) ist das Thema wichtig oder sehr wichtig. Nur für 6% ist es unwichtig oder wenig wichtig (30 Befragte). Aufgrund der positiven, gesellschaftlichen Relevanz von Energieeffizienz und Umweltschutz war dieses Ergebnis jedoch zu erwarten.

Es wurden die Unternehmen nach Ihrer Meinung gefragt, welchen Institutionen und Gruppen für das Vorantreiben von Energieeffizienz und Umweltschutz in Deutschland eine Schlüsselrolle einnehmen. Die Zahl der Häufigkeit zu den jeweiligen Nennungen indiziert hier die Bedeutung, die die Gesamtheit der Befragten der jeweiligen Gruppe / Institution zumisst. Die absoluten Zahlen sind dabei nicht aussagekräftig (Antwortmüdigkeit der Befragten), wohl aber die Relation der Häufigkeiten untereinander.

Die Unternehmen sehen sich selbst in der Schlüsselrolle, aber auch – wohl im Umfeld und auf gesellschaftlicher Ebene – die Politik. Verbände und Kammern stehen in ihrer Bedeutung kaum nach. Aktiv wurde von einigen Befragten die Berater als weitere Gruppe genannt. Hingegen werden Energieversorger und NGOs eindeutig nicht in einer Schlüsselrolle gesehen. Somit entsprechen die Ergebnisse der Eingangshypothese.

Item: Institution / Gruppe	abs. Häufigkeit	rel. Häufigkeit
Unternehmen	418	83%
Politik	401	80%
Verbände und Kammern	312	62%
Energieversorgern	89	18%
Nicht-Regierungsorganisationen (NGOs)	66	13%
Sonstige (Berater)	26	5%

Tab. 20: Nennungen zur Frage, welchen Institutionen / Gruppen eine Schlüsselrolle bei der Förderung von Energieeffizienz und Umweltschutz zukommt (abs. Häufigkeiten, rel. Häufigkeiten bezogen auf 508 Befragte)

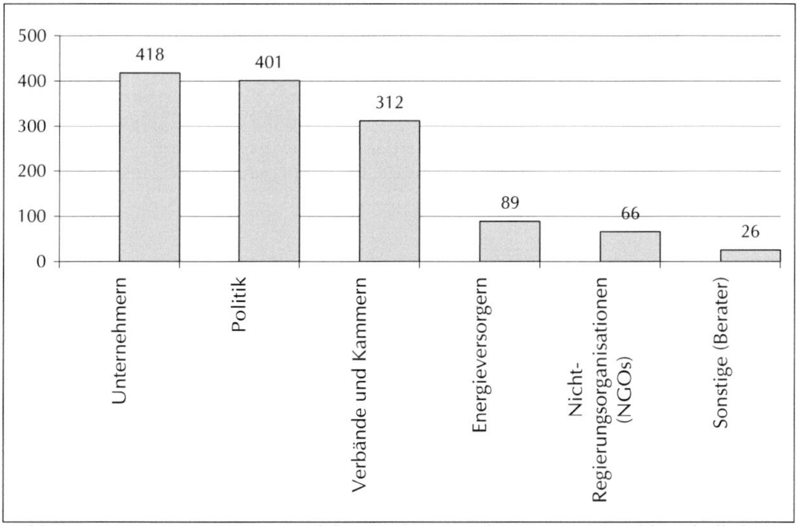

Abb. 15: Nennungen zur Frage, welchen Institutionen / Gruppen eine Schlüsselrolle bei der Förderung von Energieeffizienz und Umweltschutz zukommt (abs. Häufigkeiten)

In gleicher Weise wurde danach gefragt, von welcher Gruppe / Institution die Unternehmen mehr Unterstützung erwarten. Das Ergebnis ist eindeutig: Von den Verbänden und Kammern, aber auch von der Politik, wobei sich hierhinter wohl bessere Rahmenbedingungen und Förderungen verbergen mögen. Die hohe Zahl von Nennungen zu den Energieversorgern, von denen man fast so deutlich mehr Unterstützung fordert, wie von der Politik, stützt die dazugehörige Eingangshypothese. Ebenso auffällig ist die große Zahl der aktiven Nennung von Beratern. Dieser Zahl ist – da aktiv genannt

– im Vergleich zu den vorgegebenen Items eine größere Bedeutung zuzumessen, als die absolute Zahl es vermitteln mag.

Item: Institution / Gruppe	abs. Häufigkeit	rel. Häufigkeit
Verbände und Kammern	387	77%
Politik	231	46%
Energieversorgern	187	37%
Nicht-Regierungsorganisationen (NGOs)	81	16%
Banken und Wirtschaftsprüfer	43	9%
Sonstige (Berater)	89	5%

Tab. 22: Nennungen zur Frage, von welchen Institutionen / Gruppen die Unternehmen mehr Unterstützung erwarten (abs. Häufigkeiten, rel. Häufigkeiten bezogen auf 508 Befragte)

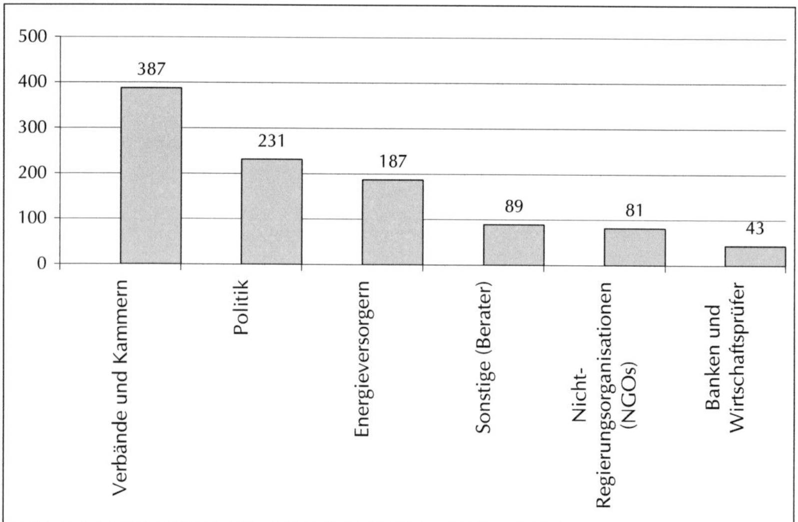

Abb. 16: Nennungen zur Frage, von welchen Institutionen / Gruppen die Unternehmen mehr Unterstützung erwarten (abs. Häufigkeiten)

6.2.9 Analyse der Einflüsse ausgewählter Variablen

Über die bis hier dargelegten – primär deskriptiven – Analysen hinaus wurden aus dem Datenbestand heraus weitere – explikative, insbesondere bivariate – Vergleiche angestellt, die offen legen sollen, welchen Einfluss die Eigenschaften der Befragten und ihre Unternehmen auf die Antworten und das dahinter liegende Verhalten der Unternehmen besitzen.

Dazu wurden die Variablen Herkunft (Bundesland, neue vs. alte Bundesländer), Branche, befragte Person und die für EUM zuständige Person im Unternehmen sowie Rating zur Bedeutung des EUM und Energieverbrauch mit den Ergebnissen der Variablen Einflussfaktoren (s. o.), EUM-Maßnahmen, Kenntnisse und Relevanz von Verordnungen und Förderprogrammen sowie Anforderungen an Ratgeber und Meinungen verbunden, wobei erstere die zweite Gruppe differenzieren sollte.

Differenzierende Variable	**Skalierung Item**	**Differenzierte Variablen**	**Skalierung Item**
Branche, ein Item	nominal, 12 Ausprägungen	umgesetzte / geplante Maßnahmen, 12 Items	nominal, dichotom
Verortung (B-Länder, NBL vs. ABL), ein Item	nominal, 17 + 2 Ausprägungen	Hemmende Faktoren gegen EUM, 4 + 2 Items	Rating/ kardinal
Energieverbrauch, zwei Items	1 x dichotom, 1 x metrisch	Kenntnisse von Verordnungen, 13 Items	nominal, dichotom
Rating zur Bedeutung des EUM, ein Item	Rating / kardinal	Relevanz von Verordnungen, 13 Items	nominal, dichotom
befragte Person, ein Item	nominal, 5 Ausprägungen	Kenntnisse von Förderprogrammen, 8 Items	nominal, dichotom
für EUM zuständige Mitarbeiter, ein Item	nominal, 6 Ausprägungen	Relevanz von Förderprogrammen, 8 Items	nominal, dichotom
		Treibende Faktoren für EUM, 4 + 3 Items	Rating / kardinal
		Anforderungen an Ratgeber, 8 + 1 Items	Rating/ kardinal
		Meinungen zu Schlüsselrolle, 6 + 1 Items	nominal, dichotom
		Meinungen zu Unterstützung, 6 + 1 Items	nominal, dichotom
		Rating zur Bedeutung des EUM, 1 Item	Rating / kardinal

Tab. 23: Aufstellung der differenzierenden und differenzierten Variablen und deren Skalierung – für die Analyse von Einflüssen

Dabei wird hier nicht per se von einer Dependenz der differenzierten Variable ausgegangen. Für die Variable „Rating zur Bedeutung des EUM" können auch Interdependenzen vorliegen. Dies wird in den späteren Ausführungen noch diskutiert.

Nur ausgewählte Verbindungen der Variablen wurden analysiert. Es wurden nur die gewählt, wo auch a priori sinnvolle und aussagekräftige Ergebnisse – überhaupt – zu erwarten waren. Es wurde weitgehend darauf verzichtet, mehrere differenzierende Variablen zum Sample zu kombinieren und mit differenzierten Variablen zu vergleichen, da sich sehr kleine Fallzahlen ergaben, was für deren Analyse dann zu hohe Zufallseinflüsse bedeutet hätte.

Aufgrund des niedrigen Skalierungsniveaus (vorwiegend nominal, s. o. Tabelle 23) waren anspruchsvolle statistische Verfahren nicht anwendbar. Somit verblieb entweder der direkte Vergleich der monovariaten Ergebnisse je Gruppe der differenzierenden Variable (z. B. neue vs. alte Bundesländer) die kreuztabellarische Erweiterung dieses Vergleichs und – soweit aufgrund der Skalierungen bei den Ratings überhaupt möglich – Korrelations- und Varianzanalysen (Signifikanzniveau 5%).

Im Folgenden werden nun entlang der differenzierenden Variablen diejenigen Einflüsse benannt, die einen signifikanten, statistischen Zusammenhang ergaben. Andere – denkbare – Zusammenhänge konnten, wenn hier nicht genannt, keine signifikanten Einflüsse offen legen.

Einfluss der Branche

Aufgrund der geringen Fallzahl der Teilsamples waren nur einige Branchen / Sektoren geeignet, auf ihren Einfluss auf das Antwortverhalten hin analysiert zu werden. Dazu gehören: Das klassische, verarbeitende Gewerbe, das Handwerk, der Einzelhandel, gewerbliche Dienstleistungen inkl. IT und Finanzen, das Baugewerbe sowie das Hotel- und Gastgewerbe. Alle anderen oben genannten Branchen zeigten zu geringe Fallzahlen, als dass nicht von zufälligen Einflüssen ausgegangen werden kann. Die benannten sechs Branchen werden hier weiter analysiert.

Um den Einfluss der Branche auf den Einsatz der Maßnahmen zum EUM bewerten zu können, wurde ein Kreuztabellenvergleich durchgeführt. Die Tabellen 24 und 25 zeigen diesen.

Der Chi-Quadrat-Test zeigt sowohl für die Kreuztabelle der umgesetzten wie auch der geplanten Maßnahmen zu EUM – reduziert auf die sechs Branchen – eine Abhängigkeit der Antworten von der Branche:

- Der Chi-Quadrat-Test zu den genutzten Maßnahmen ergab ein $\chi^2 = 484$. Bei 55 Freiheitsgraden und einem kritischen Wert für 5% Signifikanzniveau von $\chi^2_k = 73{,}3$ kann davon ausgegangen werden, dass eine Abhängigkeit von der Branche besteht.
- Der Chi-Quadrat-Test zu den geplanten Maßnahmen ergab ein $\chi^2 = 244$. Bei 55 Freiheitsgraden und einem kritischen Wert für 5% Signifikanzniveau von $\chi^2_k = 73{,}3$ kann davon ausgegangen werden, dass eine Abhängigkeit von der Branche besteht.

Darüber hinaus lassen sich aus den nebenstehenden Tabellen folgende beachtliche Besonderheiten der einzelnen Branchen ablesen (in den Tabellen grau hinterlegt):

Bereits umgesetzte Maßnahmen	alle sechs Branchen	klassisches, verarbeitendes Gewerbe		Handwerk		Einzelhandel		gewerb. Dienstleistungen inkl. IT und Finanzen		Baugewerbe		Hotel- und Gastgewerbe	
Zahl der befragten Unternehmen	434	157		91		72		51		32		31	
	erw.	erw.	tats.	erw.	tats.	erw.	tats.	erw.	tats.	erw.	tats.	erw.	tats.
Vermeidung unnötiger Abfälle (z. B. Verpackungen)	405	147	156	85	85	67	63	48	41	30	26	29	31
Müllsortierung	355	128	144	74	59	59	70	42	45	26	16	25	31
Nutzung besonders energieeffizienter Maschinen etc.	309	112	143	65	81	51	23	36	17	23	25	22	13
Öffentliche Verkehrsmittel statt Firmenwagen	197	71	101	41	6	33	23	23	41	15	2	14	4
Nutzung von Abwärme	111	40	59	23	31	18	5	13	3	8	4	8	14
Wiedereinsatz von Brauchwasser	96	35	76	20	2	16	6	11	1	7	1	7	5
Systematische Energieverbrauchserfassung	77	28	17	16	16	13	14	9	11	6	13	6	11
Regio./nationale Beschaffung statt Global Sourcing	77	28	9	16	29	13	19	9	11	6	10	6	6
Videokonferenzen statt Geschäftsreisen	49	18	21	10	0	8	0	6	22	4	0	3	0
Auswahl von Geschäftspartnern aufgrund deren EUM	43	15	17	9	4	7	2	5	5	3	11	3	2
Regelmäßige Mitarbeiterschulungen zu EUM	27	10	7	6	1	4	3	3	6	2	1	2	13
Systematisches EUM (z.B. EMAS, ISO, ÖKOPROFIT)	10	4	7	2	0	2	1	1	0	1	1	1	0

Tab. 24: Kreuztabellarischer Vergleich der abs. Häufigkeiten der Nennungen, welche EUM-Aktivitäten in den Unternehmen bereits umgesetzt wurden (erw. Häufigkeiten ergeben sich aus dem Proporz der Häufigkeiten des gesamten Samples)

Geplante Maßnahmen	**alle sechs Branchen**	**klassisches, verarbeitendes Gewerbe**		**Handwerk**		**Einzelhandel**		**gewerb. Dienstleistungen inkl. IT und Finanzen**		**Baugewerbe**		**Hotel- und Gastgewerbe**	
Zahl der befragten Unternehmen	434	157		91		72		51		32		31	
	erw.	erw.	tats.	erw.	tats.	erw.	tats.	erw.	tats.	erw.	tats.	erw.	tats.
Vermeidung unnötiger Abfälle (z. B. Verpackungen)	30	11	2	6	6	5	9	4	9	2	3	2	0
Müllsortierung	42	15	13	9	9	7	2	5	4	3	12	3	0
Nutzung besonders energieeffizienter Maschinen etc.	67	24	24	14	10	11	10	8	12	5	7	5	4
Öffentliche Verkehrsmittel statt Firmenwagen	14	5	4	3	2	2	2	2	1	1	1	1	1
Nutzung von Abwärme	58	21	29	12	4	10	11	7	5	4	5	4	6
Wiedereinsatz von Brauchwasser	18	7	3	4	6	3	1	2	5	1	0	1	3
Systematische Energieverbrauchserfassung	123	44	59	26	31	20	12	14	5	9	11	9	4
Regio./nationale Beschaffung statt Global Sourcing	28	10	3	6	3	5	6	3	11	2	1	2	6
Videokonferenzen statt Geschäftsreisen	4	2	1	1	0	1	0	1	2	0	0	0	2
Auswahl von Geschäftspartnern aufgrund deren EUM	10	4	3	2	0	2	4	1	0	1	3	1	0
Regelmäßige Mitarbeiterschulungen zu EUM	68	25	43	14	4	11	6	8	11	5	2	5	1
Systematisches EUM (z.B. EMAS, ISO, ÖKOPROFIT)	223	81	131	47	21	37	43	26	29	16	8	16	19

Tab. 25: Kreuztabellarischer Vergleich der abs. Häufigkeiten der Nennungen, welche EUM-Aktivitäten in den Unternehmen geplant sind (erw. Häufigkeiten ergeben sich aus dem Proporz der Häufigkeiten des gesamten Samples)

- Bei der Vermeidung unnötiger Abfälle (z. B. Verpackungen) und der Müllsortierung sind ohnehin hohe Verbreitungswerte gegeben, so dass die Differenzen zwischen den Branchen nur gering ausfallen. Entsprechend ist auch der Nachholbedarf (geplante Maßnahmen) nur gering.
- Erwartungsgemäß sind Maßnahmen zur Nutzung besonders energieeffizienter Maschinen etc. im verarbeitenden Gewerbe und im Handwerk überproportional vertreten, im Handel, im Dienstleistungsbereich und im Hotel- und Gaststättenwesen spielen diese Maßnahmen nur eine geringe oder gar keine Rolle. Entsprechend auch die geplanten Maßnahmen hierzu.
- In gleicher Weise sind die Maßnahmen zur Nutzung von Abwärme und von Brauchwasser zu sehen. Hier allerdings spielen die Maßnahmen für Hotelbetriebe eine – nachvollziehbare – größere Rolle.
- Ebenso ist nachvollziehbar, dass in Handwerksbetreiben und in der Baubranche die Nutzung öffentlicher Verkehrsmittel statt Firmenwagen wenig populär und daher auch kaum geplant ist.
- Und Videokonferenzen statt Geschäftsreisen ist eine Maßnahme, die in Handwerksbetrieben, Handel und Hotels keine Bedeutung besitzt, entsprechend auch hier die unterproportionale Umsetzung und Planung.
- Während das verarbeitende Gewerbe kaum auf regionale Lieferanten zurückgreift und dies auch nicht beabsichtigt, ist man dagegen im Baugewerbe schon vermehrt diesen Weg gegangen und hat auch regionale Partner vermehrt eingebunden.
- Regelmäßige Mitarbeiterschulungen zu EUM sind im Hotel- und Gaststättengewerbe beliebt, im Handel hingegen weniger.
- Ein systematisches EUM (z.B. EMAS, ISO, ÖKOPROFIT) findet primär nur im verarbeitenden Gewerbe statt, im Handel nicht. Entsprechend sind auch die geplanten Aktivitäten hierzu, die vom verarbeitenden Gewerbe dominiert werden, während das Baugewerbe einen unterproportionalen Bedarf sieht.

Da eine Differenzierung des Einflusses der Branche auf die Kenntnisse und Relevanz der einzelnen gesetzlichen Vorgaben und Verordnungen für jedes der benannten Items (jedes Gesetz / jede Verordnung) zu einer sehr kleinteiligen und damit wenig sinnvollen Sicht führen würde, wurden die Nennungen zu allen Items summarisch zusammengefasst und mit den Soll-Werten bei proportionaler Verteilung verglichen (Tabelle 26).

Kenntnisse, Relevanz und Nutzung von Gesetzen/ Verordnungen und Fördermitteln	**alle sechs Branchen**	**klassisches, verarbeitendes Gewerbe**		**Handwerk**		**Einzelhandel**		**gewerb. Dienstleistungen inkl. IT und Finanzen**		**Baugewerbe**		**Hotel- und Gastgewerbe**	
Zahl der befragten Unternehmen	434	157		91		72		51		32		31	
	erw.	erw.	tats.	erw.	tats.	erw.	tats.	erw.	tats.	erw.	tats.	erw.	tats.
Kenntnisse Gesetze / Vorordnungen	2620	948	1209	549	421	435	301	308	241	193	212	187	211
Relevanz Gesetze / Verordnungen	1805	653	867	378	322	299	119	212	129	133	145	129	112
Kenntnisse Fördermittel	1870	676	929	392	419	310	102	220	156	138	199	134	165
Nutzung Fördermittel	766	277	309	161	121	127	67	90	39	56	98	55	69

Tab. 26: Vergleich der abs. Häufigkeiten der Nennungen, welche Gesetze/Verordnungen bekannt und relevant sind sowie welche Fördermittel bekannt sind und welche genutzt werden (summierte Häufigkeiten für alle Items der Frage, erw. Häufigkeiten ergeben sich aus dem Proporz der Häufigkeiten des gesamten Samples)

In gleicher Weise wurde auch für die Kenntnisse und Nutzung der Fördermittel verfahren. Diese – wenn auch sehr kondensierte – Auswertung stellt zumindest grobe Indikatoren dar. Es kann daraus festgehalten werden (vgl. Tabelle 26):

- Im verarbeitenden Gewerbe sind erwartungsgemäß die Kenntnisse und auch die Relevanz der Gesetze / Verordnungen überproportional groß. Im Handel und in der Dienstleistungsbranche sind diese entsprechend geringer. Erstaunlich ist der gute Kenntnisstand im Hotel- und Gaststättengewerbe.
- Ein gleiches Ergebnis ergab sich zu den Fördermitteln.

Im Meinungsbild zur Bedeutung von EUM sowie den Aussagen, finden sich erstaunlicherweise nur geringe Unterschiede:

Gewerbe / Sektor	abs. Häufigkeit	Mittelwert
alle Befragten	503	3,14
klassisches, verarbeitendes Gewerbe	156	3,29
Handwerk	90	3,20
Baugewerbe	32	3,19
Hotel- und Gastgewerbe	31	3,10
Einzelhandel	72	2,93
gewerb. Dienstleistungen inkl. IT und Finanzen	51	2,91

Tab. 27: Rating-Mittelwerte zur Bedeutung des EUM im Unternehmen (Mittelwert zum 5-Stufen-Rating von 0 (= unwichtig) bis 4 (= sehr wichtig), abs. Häufigkeiten)

Nur das klassische Gewerbe betont die Bedeutung noch mehr als es die Gesamtheit ohnehin bereits unterstreicht (3,14). Es verwundert nicht, dass Handel und Dienstleistung sich etwas zurückhaltender zeigen.

Werden die Antworten zu den Fragen, welchen Institutionen und Parteien die Befragten eine Schlüsselrolle für die Förderung des EUM in Unternehmen zumessen und von wem sie mehr Unterstützung erwarten, nach den sechs Branchen differenziert, so finden sich – von Zufallseinflüssen bedingt durch die z. T. geringen Fallzahlen – nur wenige Differenzen (Tabelle 28). Der Chi-Quadrat-Test zu den beiden Itemgruppen ergab die Werte $\chi^2 = 41$ bzw. 34. Bei 25 Freiheitsgraden und einem kritischen Wert für 5% Signifikanzniveau von $\chi^2_k = 37{,}65$ kann nicht sicher davon ausgegangen werden, dass eine Abhängigkeit von der Branche besteht.

Schlüsselrollen und Forderung nach Unterstützung	**alle sechs Branchen**	**klassisches, verarbeitendes Gewerbe**		**Handwerk**		**Einzelhandel**		**gewerb. Dienstleistungen inkl. IT und Finanzen**		**Baugewerbe**		**Hotel- und Gastgewerbe**	
Zahl der befragten Unternehmen	434	157		91		72		51		32		31	
	erw.	erw.	tats.	erw.	tats.	erw.	tats.	erw.	tats.	erw.	tats.	erw.	tats.
… kommt eine Schlüsselrolle für EUM zu.													
Unternehmen	363	131	132	76	70	60	65	43	38	27	26	26	30
Politik	348	126	129	73	74	58	73	41	40	26	29	25	29
Verbände und Kammern	271	98	106	57	62	45	47	32	28	20	21	19	21
Energieversorgern	77	28	32	16	9	13	12	9	6	6	11	6	2
Nicht-Regierungsorganisationen (NGOs)	57	21	26	12	5	10	11	7	8	4	5	4	6
Sonstige (Berater)	23	8	6	5	4	4	2	3	6	2	4	2	4
… sollten mehr Unterstützung bieten.													
Verbände und Kammern	336	122	130	70	76	56	60	39	37	25	18	24	18
Politik	201	73	70	42	44	33	30	24	25	15	19	14	19
Energieversorger	162	59	63	34	33	27	33	19	8	12	15	12	7
Nicht-Regierungsorganisationen (NGOs)	70	25	29	15	15	12	9	8	8	5	1	5	9
Banken und Wirtschaftsprüfer	37	14	12	8	11	6	6	4	5	3	1	3	4
Sonstige (Berater)	77	28	32	16	12	13	8	9	10	6	8	6	6

Tab. 28: Vergleich der abs. Häufigkeiten der Nennungen zu den Institutionen, denen eine Schlüsselrolle für das EUM in Unternehmen zugemessen wird (oberer Block) und den Institutionen, von denen mehr Unterstützung erwartet wird (erw. Häufigkeiten ergeben sich aus dem Proporz der Häufigkeiten des gesamten Samples)

Gleichwohl fallen einige Differenzen auf:

- Dienstleistungsgewerbe und Hotel- und Gaststättenwesen sehen die Rolle der Energieversorger sichtlich geringer an als die anderen Branchen.
- Beim verarbeitenden Gewerbe und im Handwerk wird die Rolle der Kammern und Verbände mehr betont als in den anderen Branchen.
- Im Baugewerbe ist die Rolle der Politik für EUM stärker verankert als in anderen Branchen.

Besonders geringe Differenzen finden sich zudem, wenn die fördernden und hemmenden Faktoren für bzw. gegen EUM in den Unternehmen je nach Branche verglichen werden. Die nebenstehende Tabelle zeigt die Mittelwerte des Ratings für die häufig genannten Items, jeweils für die sechs Branchen. Es fällt auf, dass das Dienstleistungs- sowie das Hotel- und Gaststättengewerbe, aber auch der Handel weniger Probleme bei den Mitarbeitern sieht und sich weniger von gesellschaftlichen Erwartungen treiben lässt als die anderen Branchen. Allerdings sind die Differenzen sehr gering, wie auch die Streuungen / Varianzen um die Mittelwert bei allen Branchen.

	alle Befragte	verarbeitendes Gewerbe	Handwerk	Einzelhandel	Dienstleistunge IT & Finanzen	Baugewerbe	Hotel- und Gastgewerbe
Item: Fördernde Einflussfaktoren							
Kosteneinsparungen	2,65	2,7	2,7	2,5	2,4	2,7	2,6
gesetzliche Vorgaben	2,56	2,6	2,8	2,5	2,4	2,7	2,4
Umwelt- und Klimaschutz	1,90	1,8	1,6	2,0	2,0	2,0	2,1
gesellschaftliche Erwartungen	0,80	0,7	0,6	1,0	0,8	0,7	1,0
Item: Hemmende Einflussfaktoren							
Personalmangel	3,14	3,3	2,9	3,0	2,9	3,3	2,9
finanzieller Aufwand	2,83	3,0	3,0	2,7	2,7	3,0	2,7
fehlendes Know-how	2,03	1,9	2,1	2,1	1,8	2,0	2,1
mangelnde Mitarbeiterakzeptanz	1,28	1,4	1,5	1,1	1,0	1,4	1,0

Tab. 29: Vergleich der Wertung des Einflusses von Faktoren auf das Energie- und Umweltverhalten in den Unternehmen und der Wertungen der hemmenden Faktoren auf das Energie- und Umweltverhalten in den Unternehmen, differenziert nach Branchen (Mittelwerte zum Rating von 0 (kein Einfluss) bis 4 (sehr starker Einfluss))

Zu den Anforderungen an den Ratgeber konnte aus dem Vergleich zwischen den Branchen zu keinem Item eine signifikante Differenz erkannt werden. Scheinbar stellt man über alle Branchen hinweg ähnliche Anforderungen an einen Ratgeber zu EUM auf.

Einfluss der Verortung

Auf die einzelnen Bundesländer herunter gebrochen, findet sich kein signifikanter, nicht zufälliger Zusammenhang zwischen der Verortung in einem Bundesland und den Antworten zu sämtlichen Fragen. Dies scheint auch der Kleinteiligkeit der Samples je Bundesland geschuldet, Unterschiede im Antwortverhalten sind eher auf die z. T. geringe Befragten-Zahl zurückzuführen.

Dies ändert sich allerdings, wenn die Befragten in zwei Gruppen, denen aus den neuen und denen aus den alten Bundesländern, zusammengefasst und verglichen werden.

Zwar gab es keine auffälligen und nicht zufallsbedingten Differenzen im Antwortverhalten zu den umgesetzten und geplanten EUM-Maßnahmen sowie zu der Bewertung der treibenden für und der hemmenden Faktoren gegen EUM. Und auch die Zusammensetzung nach Branchen und Energieverbrauch ist zwischen den Befragten aus den neuen und den alten Bundesländern kaum different. Ebenso konnte auch kein Zusammenhang zwischen der Branche und der Funktion des für EUM zuständigen Mitarbeiters ermittelt werden. Auf eine tabellarische Darstellung der Werte wird hier daher verzichtet.

Offensichtlich hingegen ist aber, dass die Befragten aus den neuen Bundesländern eine durchweg größere Bekanntheit und angesehene Relevanz / Nutzung von Verordnungen und Förderprogrammen angeben. Aus den nebenstehenden Tabellen zu den Häufigkeiten wird deutlich, dass der Anteil der Befragten aus den neuen Bundesländern, die die benannte Verordnung kennen oder auch als relevant ansehen bzw. ein Förderprogramm kennen bzw. auch nutzen / genutzt haben, gegenüber denen aus den alten Bundesländern entweder größer oder gleich groß ausfällt. Dies kann in einem tendenziell stärkeren Overreporting aber auch in einer größeren Sensibilisierung und Interesse der Befragten begründet sein.

Item: Verordnung / Gesetz	bekannt		relevant	
	ABL	NBL	ABL	NBL
Verpackungsverordnung (VerpackV)	93%	93%	75%	75%
Feinstaubverordnung und Umweltzonen	91%	90%	59%	58%
Öko-Steuer (ökologische Steuerreform)	84%	89%	69%	71%
Elektro- und Elektronikgerätegesetz (ElektroG)	62%	64%	19%	20%
Bundes-Immissionsschutz-Gesetz (BImSchG)	47%	49%	20%	23%
Eneuerbare-Energien-Gesetz	39%	44%	22%	25%
Umweltschadensgesetz (USchadG), Umwelthaftungsgesetz (UmweltHG)	34%	39%	17%	22%
Treibhausgas-Emissionshandelsgesetz (TEHG), Zuteilungsgesetz 2012 (ZuG 2012)	32%	34%	4%	3%
Energieeinspargesetz (EnEG), Energieeinsparverordnung (EnEV)	31%	34%	59%	61%
Wasserhaushaltsgesetz	28%	31%	17%	19%
Ökodesign-Richtlinie bzw. Energiebetriebene-Produkte-Gesetz (EBPG)	24%	25%	20%	20%
Energieverbrauchskennzeichnungsgesetz (EnVKG), Energieverbrauchskennzeichnungsverordnung (EnVKV), Verordnung über Energieverbrauchshöchstwerte von Geräten (EnVHV)	18%	19%	18%	19%
Kreislaufwirtschafts- und Abfallgesetz (KrW-/AbfG)	12%	17%	12%	13%
Sonstiges (freie Antwort)	0	0%	0	0%

Tab. 30: Vergleich der Nennungen, welche EUM-bezogenen gesetzlichen Regelungen in den Unternehmen bekannt und welche davon auch relevant sind – zwischen den neuen und alten Bundesländern (rel. Häufigkeiten)

Item: Förderprogramm	bekannt		genutzt	
	ABL	NBL	ABL	NBL
Umweltunternehmensberatung für KMU (BAFA)	84%	89%	26%	29%
Marktanreizprogramm zur Förderung Erneuerbarer Energien (BMU/BAFA)	77%	79%	14%	16%
Energieeffizienzberatung (KfW Sonderfonds Energieeffizienz in KMU)	61%	64%	43%	48%
KfW-Umweltprogramm	46%	46%	34%	35%
Impulsprogramm zur Förderung von Mini-KWK-Anlagen (BMU/BAFA)	45%	51%	4%	6%
KfW Umwelt- und Energiesparprogramm	42%	45%	18%	21%
KfW ERP-Energieeffizientprogramm	41%	41%	22%	24%
Impulsprogramm für gewerbliche Kälteanlagen (BMU/BAFA)	30%	33%	14%	16%
Weitere (freie Antwort)	0%	0%	0%	0%

Tab. 31: Vergleich der Nennungen, welche EUM-bezogenen Förderprogramme in den Unternehmen bekannt und welche davon auch schon genutzt wurden – zwischen den neuen und alten Bundesländern (rel. Häufigkeiten)

Diese Erkenntnis geht einher mit den Ergebnissen aus dem Vergleich zum Rating der Befragten zur Bedeutung des EUM sowie zu den Meinungen zur Schlüsselrolle und Unterstützung ausgewählter Institutionen und Parteien:

Der Rating-Mittelwert zur Frage der Bedeutung des EUM (siehe Kapitel 6.2.7) liegt bei den Vertretern aus den alten Bundesländern bei 3,13 (n=431), bei denen aus den neuen Bundesländern bei 3,22 (n=72), während der o. g. Rating-Mittelwert für alle Befragten bei 3,14 liegt. Die Unterschiede sind also auch hier gering.

Allerdings wird auch offensichtlich, dass die Befragten aus den neuen Bundesländern gegenüber denen aus den alten eher Politik, Verbände und Kammern in der Schlüsselrolle für die Förderung von EUM in Unternehmen sehen als sich selbst. Ebenso fordern sie mehr Unterstützung als die Befragten aus den alten Bundesländern von diesen Institutionen. Die Rolle und Unterstützung der Energieversorger wird dabei eher geringer eingeschätzt.

	rel. Häufigkeit	
Item: Institution / Gruppe	**ABL**	**NBL**
Unternehmen	84%	78%
Politik	79%	85%
Verbände und Kammern	61%	66%
Energieversorger	18%	16%
Nicht-Regierungsorganisationen (NGOs)	13%	12%

Tab. 32: Vergleich der Nennungen zur Frage, welchen Institutionen / Gruppen eine Schlüsselrolle bei der Förderung von Energieeffizienz und Umweltschutz zukommt – zwischen den neuen und alten Bundesländern (rel. Häufigkeiten)

	rel. Häufigkeit	
Item: Institution / Gruppe	**ABL**	**NBL**
Verbände und Kammern	77%	79%
Politik	45%	51%
Energieversorger	37%	34%
Nicht-Regierungsorganisationen (NGOs)	16%	13%
Banken und Wirtschaftsprüfer	9%	12%

Tab. 33: Vergleich der Nennungen zur Frage, von welchen Institutionen / Gruppen die Unternehmen mehr Unterstützung erwarten – zwischen den neuen und alten Bundesländern (rel. Häufigkeiten)

Bei den Anforderungen an den Ratgeber ist lediglich eine deutlich größere Zustimmung zur Forderung nach einem „Aufzeigen erster Schritte" (NBL: 3,22, ABL: 3,01, alle Befragte: 3,14, vgl. oben Kapitel 6.2.6) zu erkennen sowie bei der Forderung, dass der Ratgeber kostenlos und direkt verfügbar sein sollte (NBL: 3,03, ABL: 2,71, alle Befragte: 2,76, vgl. oben Kapitel 6.2.6). Befragte aus den neuen Bundesländern möchten also mehr als die aus den alten Bundesländern Ratgeber zu EUM erhalten, die kostenlos und leicht verfügbar sind sowie erste Schritte vermitteln.

Korrelationen mit dem Energieverbrauch

Weiter wurde untersucht, ob Unternehmen mit einem größeren Energieverbrauch ein entsprechend zu erwartendes anderes Antwortverhalten zeigen als Unternehmen mit geringerem Energienverbrauch. Zu erwarten wäre, dass Unternehmen mit höherem Verbrauch auch mehr Maßnahmen ergreifen, dem EUM mehr Bedeutung beimessen, bessere Kenntnisse mitbringen und ggf. auch andere Anforderungen an die Ratgeber stellen.

Da nur 9 Unternehmen unterhalb der Grenze von 100 TkWh p. a. lagen, wurde auf einen Vergleich mit denen über der Grenze verzichtet. Es wurden nur die 159 Fälle herangezogen, in denen auch ein mehr oder weniger genauer Wert (alle oberhalb von 100 TkWh p. a.) genannt wurde.

Erstaunlicherweise konnte kein signifikanter Einfluss auf jegliche andere erhobene Variable festgestellt werden, anders als zuvor erwartet. Die Gründe hierfür können wie folgt sein:

- Nur 31% der Befragten waren ohnehin in der Lage, Auskunft über den Verbrauch zu geben. Damit wurde die Fallzahl so klein, dass die Vergleiche von großen Zufallsfehlern verzerrt werden können.
- Wenn so wenige Befragte überhaupt eine Angabe zum Verbrauch geben können, dann muss erwartet werden, dass ein erheblicher Teil der zwar genau benannten Angaben nur auf groben Schätzungen oder Fehlinformationen beruhen kann. Die ist insbesondere dann wahrscheinlich, wenn mehrere Betriebsstätten, verschiedene Verbrauchskreise und Energie-Lieferanten oder sogar eine eigene Stromproduktion vorhanden sind.
- Der Betriebszweck, die betrieblichen Prozesse und die Wirtschaftlichkeit beim Energieverbrauch dürften wahrscheinlich mehr bestimmend für das EUM-Verhalten der Unternehmen sein als die alleinige Größe des absoluten Jahresverbrauchs.

- Das Kriterium „Energieverbrauch" ist somit kein allein bestimmender Faktor für das EUM-Verhalten von Unternehmen.

Einfluss der befragten Person und Einfluss der Variablen „für EUM zuständiger / koordinativer Mitarbeiter"

Es konnten zu keiner anderen differenzierten Variablen signifikante und reliable Zusammenhänge / Einflüsse gefunden werden. Die befragte Person wie auch die Variable „für EUM zuständiger Mitarbeiter" haben keinen Einfluss auf andere Variablen. Während dies bei der befragten Person noch nachvollziehbar erscheint, ist bei der zweiten Variablen eher zu vermuten, dass diese von anderen Größen (z. B. Branche, Energieverbrauch) abhängig ist. Dies wird unter anderem nun ausgeführt.

Einfluss der Bedeutung, die die Befragten dem EUM zumessen

Darüber hinaus wurde untersucht, ob es Korrelationen zwischen dem Rating der Befragten zur Bedeutung des EUM und den anderen Variablen der Befragung gibt. Auch hier konnten keine signifikanten Differenzen herausgearbeitet werden. Gleichwohl ist dieses Ergebnis auch plausibel:

- Die Streuungen um den Mittelwerte des Ratings ist für alle Befragten wie auch je nach Branche und Verortung gering (s. o.). Damit ist die Spannbreite der realen Werte der differenzierenden Variablen gering, Einflüsse müssten dann, um sichtbar zu werden, mit erheblicher Regression wirken.
- Vielmehr muss davon ausgegangen werden, dass sich das ohnehin hohe Niveau der Bedeutung, das die Befragten dem EUM zumessen, unabhängig von den realen Bedingungen im Unternehmen ergibt. Hier mögen gesellschaftlicher Druck und Wünschbarkeiten den bestimmenden Einfluss darstellen.
- Letztendlich wirkt sich gesellschaftlicher Druck auch indirekt – über gesetzliche Veränderung und Veränderungen im Konsumentenverhalten – auf die Unternehmen aus, ohne dass dieser explizit von den Befragten erkannt werden muss.

Damit scheinen die wesentlichen, signifikanten Ergebnisse aus dem Datenbestand gezogen zu sein.

6.3 Zusammenfassung der empirischen Ergebnisse

Die Studie

Aufsetzend auf den bisherigen Analysen wurde im September bis November 2008 eine Befragung bei deutschen kleinen und mittleren Unternehmen durchgeführt. Ziel der Erhebung war es, zu ermitteln, was die Unternehmen von den gesetzlichen Vorgaben sowie Hilfen und Unterstützungen wissen und nutzen. Zudem wurden tatsächlicher Einsatz von EUM-Maßnahmen, Pläne dazu, Meinungen, Erwartungen, Probleme, Forderungen und auch Anforderungen an Ratgeber erhoben.

- Es wurden Unternehmen angesprochen, von denen zu erwarten war, dass ihr Energieverbrauch über 100.000 kWh p. a. liegt, denn erst ab dieser Verbrauchsgröße dürfte das Thema überhaupt Bedeutung erlangen. Daher waren nur neun Unternehmen darunter, die weniger als den o. g. Betrag verbrauchen.
- Die Befragten wurden telefonisch angesprochen (778) und wenn diese bereit und fähig waren, sofort befragt (508). Die Interviewer hatte neben der reinen Befragung auch die Aufgabe, Erläuterungen zu den Fragen zu geben – weshalb auch diese Form der Befragung gewählt wurde.
- Die telefonischen Interviews wurden von vier Interviewern durchgeführt. Ein Vergleich der Teilsamples der einzelnen Interviewer ergab keine signifikanten Unterschiede.
- Es wurde mit 15 Testpersonen und mit den vier Interviewern ein Pretest durchgeführt, um zu prüfen, ob die Fragen eindeutig zu verstehen und zu beantworten sind. Es wurden nur geringfügige sprachliche Änderungen am zugrunde liegenden Fragebogen vorgenommen.

Das Sample

Es wurden ausschließlich kleine und mittlere Unternehmen befragt, darin im Wesentlichen die Geschäftsführer. Die deutsche Branchenstruktur wird über das Sample allerdings nicht abgebildet – vielmehr kommt hier der Einfluss der zufälligen Wahl der Befragten zum Tragen. Durch das Zufallsprinzip bestimmt war auch die Wahl der Standorte der befragten Unternehmen in den einzelnen Bundesländern. Desgleichen gilt somit auch für die Verortung. Erstaunlicherweise wird die deutsche Unternehmenslandschaft durch die Häufigkeitsverteilung grob proportional abgebildet. Abweichungen sind ohnehin für die weiteren Analysen unschädlich.

Wer ist im Unternehmen koordinativ für EUM zuständig?

Danach befragt, wurde die Geschäftsführung am häufigsten genannt, nahezu mit gleicher Zahl die jeweiligen Abteilungsleiter. In über 10% der Unternehmen ist jeder Mitarbeiter (für seinen Bereich) zuständig, ohne dass es eine zentrale Koordination gibt – allerdings dürfte dies in den benannten Unternehmen real doch anders ablaufen. Denn inwiefern eine solche dezentrale EUM-Zuständigkeit/-Koordination Sinn macht und überhaupt funktioniert, hängt in hohem Maße von der Unternehmenskultur und dem EUM entgegengebrachten Commitment ab. Demzufolge sind verlässliche Aussagen über die EUM-Koordination in diesen Unternehmen nicht möglich. So wird die Eingangshypothese, dass EUM größtenteils „nebenher" durch die Geschäftsführung verantwortet und koordiniert wird, gestützt.

Energieverbrauch der Unternehmen

Ein überraschendes Ergebnis zeigt sich beim Energieverbrauch der Unternehmen. Dies ist weniger überraschend aufgrund der Verteilung des Verbrauchs an sich, sondern vielmehr in dem Umstand begründet, dass die Befragten ihren Verbrauch nur grob oder gar nicht benennen konnten: So konnten nur 331 Befragte (= 65%) überhaupt eine Einschätzung abgeben, 35% (177) konnte gar keine Angaben machen. Nur 159 Befragte (= 31%) konnten exakte Angaben (auf 10 TkWh p. a. genau) machen, deren Mittelwert 320.000 KWh p. a. betrug. Alle diejenigen Unternehmen, zu denen ein exakter Wert benannt werden konnte, befanden sich in der Gruppe der Unternehmen mit über 100.000 KWh p. a. verbrauch, die insgesamt 322 Unternehmen umfasste. 9 Unternehmen lagen unter diesem Wert, aber nur gering, so dass sie im Sample verbleiben können.

Einflüsse auf das EUM in den Unternehmen

Was beeinflusst – positiv wie negativ – das Energie- und Umweltverhalten der Unternehmen? Dies wurde über zwei Item-Batterien mit einem 5er-Rating von 0 (kein Einfluss) bis 4 (sehr starker Einfluss) abgefragt.

- Den stärksten Einfluss verzeichnen die Faktoren Kosteneinsparung und gesetzliche Vorgaben, mit einem Mittelwert nahe „starker Einfluss", und dies bei hoher Zahl von Nennungen (bei beiden über 500).

- Umwelt- und Klimaschutz als Argument für EUM-Maßnahmen fällt dagegen ab, liegt im Mittel etwa bei „merklicher Einfluss“ während gesellschaftliche Erwartungen fast keinen Einfluss auf das Energie- und Umweltverhalten der Unternehmen besitzen.
- Größere Bedeutung haben dagegen schon die von den Befragten wiederholt (über 100 Nennungen) benannten Faktoren Konkurrentenverhalten und Kundenwünsche. Diese zeigen – auch alleine schon aus dem Faktum heraus, dass sie aktiv genannt wurden – sehr hohe Mittelwerte im Rating, nahe „starkem Einfluss“. Druck von Außen und Kostenminderung treiben also deutlich mehr, als gesellschaftliche Verantwortung und Bewusstsein.
- Dieser fehlende Problemdruck wird zudem von den Befragten als starker bis sehr starker Einfluss hervorgehoben, wenn es um hemmende Faktoren für das Energie- und Umweltverhalten geht.
- Ähnlich bedeutend sind Personalmangel und Behinderungen durch interne Entscheidungsprozesse, wobei letzteres wahrscheinlich durch weitere Faktoren bestimmt wird. Deutlich geringerer Einfluss wird einer mangelnden Mitarbeiterakzeptanz zugemessen.

Energie- und Umweltmaßnahmen in den Unternehmen

Es wurde von den Befragten deren Aktivitäten zum Energie- und Umweltmanagement benannt, von Einzelmaßnahmen bis hin zum systematischen Vorgehen nach z. B. EMAS oder ISO. Es wurde gefragt, ob diese Maßnahmen bereits ergriffen wurden oder geplant sind. Allerdings zeigen die Antworten nicht, in welchem Umfang und mit welcher Präzision diese Maßnahmen umgesetzt wurden bzw. werden sollen.

- Nur 12 Unternehmen hingegen konnten von einem systematischen EUM berichten, also gerade mal 2% aller Befragten. Allerdings ist dieser Wert höher als aus früheren Studien bekannt.
- Wiederum ist eine Reihe von Maßnahmen nur in bestimmten Betriebsformen anwendbar und sinnvoll, so z. B. Nutzung von Abwärme, Videokonferenzen und beim Wiedereinsatz von Brauchwasser.
- Einfache Maßnahmen, wie Müllsortierung und Vermeidung von unnötigen Abfällen können allerdings überall angegangen werden und sind allein schon deshalb mit hoher Zahl von Nennungen gezeichnet.

- Bemerkenswert ist die hohe Zahl der geplanten Erfassungen des Energieverbrauchs ggü. der Zahl der bisher vorgenommenen. U. U. hat hier allein schon die Befragung angeregt, mehr zu tun.
- Die geringe Zahl derjenigen, die anstelle eines Global Sourcings auf regionale bzw. nationale Lieferanten zurückgreift zeigt, welche geringe Bedeutung langfristige Ziele zum EUM in den Unternehmen besitzen.
- Vor diesem Hintergrund erscheint wiederum die große Zahl der Unternehmen erstaunlich, die anstelle von PKW den Öffentlichen Personennahverkehr (ÖPNV) bevorzugen oder dies zumindest planen.
- Ebenso wird deutlich, dass in den befragten Unternehmen das Primat des Geschäftserfolgs über das der gesellschaftlichen Verantwortung (CSR-Corporate Social Responsibilty) dominiert – und dies trotz der doch großen Bedeutung, die die Unternehmen dem EUM beimessen.
- Zusätzliche Maßnahmen wurden von den Befragten nicht aktiv genannt.
- Es bestätigt sich insgesamt die Eingangshypothese, dass es in KMU überwiegend bei Einzelmaßnahmen bleibt und systematisches EUM kaum betrieben wird.

EUM-relevante Kenntnisse in den Unternehmen

Weiter wurde gefragt, welche Kenntnisse in den Unternehmen zu den wichtigen gesetzlichen Regelungen vorhanden sind und welche Relevanz diese Gesetze für das jeweilige Unternehmen besitzen.

- Die in der Öffentlichkeit ausführlich diskutierten Verpackungs- und Feinstaubverordnungen dominieren erwartungsgemäß, auch in Ihrer Relevanz für die Unternehmen.
- Zusätzliche Maßnahmen wurden von den Befragten nicht aktiv genannt. Hier ist also noch erheblicher Aufklärungs- und Nachholbedarf zu erkennen.
- Bemerkenswert ist, dass das Energieeinspargesetz für fast doppelt so viele Unternehmen relevant ist, wie bekannt.
- Bemerkenswert ist die geringe Bekanntheit des Bundes-Immissionschutz-Gesetzes (BImSchG) sowie die Anzahl der Unternehmen, die dem BImScmG Relevanz beimessen.
- Gleichwohl bestätigt dies die Eingangshypothese, dass primär die öffentliche Präsenz der Gesetze / Verordnungen und weniger ihre Relevanz den Bekanntheitsgrad bestimmt.

Jenseits dieser Kenntnisse wurde ferner nach der Kenntnis von Förderprogrammen gefragt. Dazu wurden die wichtigsten, bundesweiten Programme benannt. Zudem sollte angegeben werden, ob die Programme auch genutzt wurden / werden.

- Etwa 40% derjenigen, die die Programme kennen, nutzen sie auch.
- Die Relation von Bekanntheit und Nutzung vermittelt einen Eindruck davon, welche Attraktivität und Anwendungsbreite die Programme besitzen: Je größer die Differenz von Bekanntheit zu Nutzung, um so geringer sind diese. Dies ist z. B. beim Marktanreizprogramm genauso deutlich, wie beim Programm für die Mini-KWK-Anlagen. Bei Letzterem ist der begrenzte Nutzerkreis offensichtlich, bei Ersterem ist dies so nicht zu erklären.
- Auf die Frage, ob Förderprogramme mit Zuschüssen gegenüber Programmen mit Darlehen bevorzugt werden, vermögen die Befragungsergebnisse keine eindeutige Antwort zu geben. Die zu Beginn formulierte These kann daher nicht bestätigt werden.
- Zusätzliche Maßnahmen wurden allerdings von den Befragten nicht aktiv genannt.

Anforderungen an EUM – Ratgeber

Zu einer vorgegebenen Batterie von Items sollten Anforderungen der Unternehmen an Ratgeber zum EUM bewertet werden. Dazu stand den Befragten ein Rating von 0 (unwichtig) bis 4 (zentrale Forderung) zur Verfügung.

- Wichtigste Anforderung ist der Hinweis auf erste Schritte zum EUM (Mittelwert entspricht „sehr wichtig").
- Praxisbezug, Verständlichkeit und Hinweise auf Fördermittel sind ebenso wichtig, weniger wichtig hingegen die Überzeugungsfähigkeit und die Ganzheitlichkeit der Ratgeberinhalte.
- Große Bedeutung haben die aktiv genannten Anforderungen, dass die Ratgeber kostenlos und sofort verfügbar sein sollten (nahe „sehr wichtig").
- Die Erkenntnis, dass die Überzeugungsfähigkeit der Ratgeber weniger wichtig für die Unternehmen ist, impliziert, dass die Unternehmen bereits weitgehend von der Sinnhaftigkeit von EUM überzeugt sind. Die dazu gehörige, dazugehörige Eingangshypothese wird daher in ihrer engen Auslegung nicht bestätigt.

Meinungsbild – Bedeutung von EUM und die Zuständigkeiten zum EUM

Bereits zu Anfang des Interviews wurde den Befragten eine Bewertung abverlangt, welche Bedeutung Energieeffizienz und Umweltschutz in ihrem Unternehmen besitzt (5-Stufen-Rating von 0 (= unwichtig) bis 4 (= sehr wichtig)).

- 503 Befragte gaben hierzu eine Antwort, deren Mittelwert bei 3,14 lag, also etwa mit „wichtig" zu verbalisieren ist.
- Dies entspricht auch dem Modalwert der Antworten im Rating.
- 451 der befragten Unternehmen (= 90% von N = 503) ist das Thema wichtig oder sehr wichtig.
- Nur für 6% ist es unwichtig oder wenig wichtig (30 Befragte).

Es wurden die Unternehmen nach Ihrer Meinung gefragt, welchen Institutionen und Gruppen für das Vorantreiben von Energieeffizienz und Umweltschutz in Deutschland eine Schlüsselrolle einnehmen.

- Die Unternehmen sehen sich selbst in der Schlüsselrolle, aber auch – wohl im Umfeld und auf gesellschaftlicher Ebene – die Politik. Verbände und Kammern stehen in ihrer Bedeutung kaum nach.
- Aktiv wurde von einigen Befragten die Gruppe der Berater als weitere Gruppe genannt.
- Hingegen werden Energieversorger und NGOs deutlich nicht in einer Schlüsselrolle gesehen.

In gleicher Weise wurde danach gefragt, von welcher Gruppe / Institution die Unternehmen mehr Unterstützung erwarten. Das Ergebnis ist eindeutig:

- Von den Verbänden und Kammern, aber auch von der Politik, wobei sich hierhinter wohl bessere Rahmenbedingungen und Förderungen verbergen mögen.
- Erstaunlich hier nun die hohe Zahl von Nennungen zu den Energieversorgern, von denen man fast so deutlich mehr Unterstützung fordert wie von der Politik.
- Ebenso auffällig ist die große Zahl der aktiven Nennung von Beratern.

Einfluss der Branche

Aufgrund der geringen Fallzahl der Teilsamples waren nur einige Branchen / Sektoren geeignet, auf ihren Einfluss auf das Antwortverhalten hin analysiert zu werden. Dazu gehörten: das klassische, verarbeitende Gewerbe, das Handwerk, der Einzelhandel, gewerbliche Dienstleistungen inkl. IT und Finanzen, das Baugewerbe sowie das Hotel- und Gastgewerbe. Alle anderen oben genannten Branchen zeigten zu geringe Fallzahlen, als dass nicht von zufälligen Einflüssen ausgegangen werden kann. Ergebnisse:

- Bei der Vermeidung unnötiger Abfälle (z. B. Verpackungen) und der Müllsortierung sind ohnehin hohe Verbreitungswerte gegeben, so dass die Differenzen zwischen den Branchen nur gering ausfallen. Entsprechend ist auch der Nachholbedarf (geplante Maßnahmen) nur gering.
- Erwartungsgemäß sind Maßnahmen zur Nutzung besonders energieeffizienter Maschinen etc. im verarbeitenden Gewerbe und im Handwerk überproportional vertreten, im Handel, im Dienstleistungsbereich und im Hotel- und Gaststättenwesen spielen diese Maßnahmen nur eine geringe oder gar keine Rolle, wie auch die geplanten Maßnahmen hierzu.
- In gleicher Weise sind die Maßnahmen zur Nutzung von Abwärme und von Brauchwasser zu sehen. Hier allerdings spielen die Maßnahmen für Hotelbetriebe eine – nachvollziehbare – größere Rolle.
- Ebenso ist nachvollziehbar, dass in Handwerksbetrieben und in der Baubranche die Nutzung öffentlicher Verkehrsmittel statt Firmenwagen wenig populär und daher auch kaum geplant ist.
- Und Videokonferenzen statt Geschäftsreisen ist eine Maßnahme, die in Handwerksbetrieben, Handel und Hotels keine Bedeutung besitzt, entsprechend auch hier die unterproportionale Umsetzung und Planung.
- Während das verarbeitende Gewerbe kaum auf regionale Lieferanten zurückgreift und dies auch nicht beabsichtigt, ist man dagegen im Baugewerbe schon vermehrt diesen Weg gegangen und hat auch regionale Partner vermehrt eingebunden.
- Regelmäßige Mitarbeiterschulungen zu EUM sind im Hotel- und Gaststättengewerbe beliebt, im Handel hingegen weniger.
- Ein systematisches EUM (z.B. EMAS, ISO, ÖKOPROFIT) findet primär nur im verarbeitenden Gewerbe statt, im Handel nicht. Entsprechend sind auch die geplanten Aktivitäten hierzu, die vom verarbeitenden Gewerbe dominiert werden, während das Baugewerbe einen unterproportionalen Bedarf sieht.

- Im verarbeitenden Gewerbe sind erwartungsgemäß die Kenntnisse und auch die Relevanz der Gesetze / Verordnungen überproportional gut bekannt. Im Handel und in Dienstleistungsbranchen ist es entsprechend geringer. Erstaunlich ist der gute Kenntnisstand im Hotel- und Gaststättengewerbe.
- Ein gleiches Ergebnis ergab sich zu den Fördermitteln.
- Im Meinungsbild zur Bedeutung von EUM sowie den Aussagen, finden sich erstaunlicherweise nur geringe Unterschiede.
- Nur das klassische Gewerbe betont die Bedeutung noch mehr als es die Gesamtheit ohnehin bereits unterstreicht (3,14). Es verwundert nicht, dass Handel und Dienstleistung sich etwas zurückhaltender zeigen.
- Dienstleistungsgewerbe und Hotel- und Gaststättenwesen sehen die Rolle der Energieversorger sichtlich geringer an, als die anderen Branchen.
- Beim verarbeitenden Gewerbe und im Handwerk wird die Rolle der Kammern und Verbände mehr betont als in den anderen Branchen.
- Im Baugewerbe ist die Rolle der Politik für EUM stärker verankert, als in anderen Branchen.
- Besonders geringe Differenzen finden sich zudem, wenn die fördernden und hemmenden Faktoren für bzw. gegen EUM in den Unternehmen je nach Branche verglichen werden.
- Es fällt auf, dass das Dienstleistungs- sowie das Hotel- und Gaststättengewerbe, aber auch der Handel weniger Probleme bei den Mitarbeitern sieht und sich weniger von gesellschaftlichen Erwartungen treiben lässt, als die anderen Branchen. Allerdings sind die Differenzen sehr gering.
- Zu den Anforderungen an den Ratgeber konnten aus dem Vergleich zwischen den Branchen zu keinem Item eine signifikante Differenz erkannt werden. Scheinbar zeigt man über alle Branchen hinweg ähnliche Anforderungen an einen Ratgeber zu EUM.

Einfluss der Verortung

Auf die einzelnen Bundesländer herunter gebrochen, findet sich kein signifikanter, nicht zufälliger Zusammenhang zwischen der Verortung in einem Bundesland und den Antworten zu sämtlichen Fragen. Dies scheint auch der Kleinteiligkeit der Samples je Bundesland geschuldet, Unterschiede im Antwortverhalten sind eher auf die z. T. geringe Befragten-Zahl zurückzuführen. Dies ändert sich allerdings, wenn die Befragten in zwei Gruppen, denen aus den neuen und denen aus den alten Bundesländern zusammengefasst und verglichen werden.

- Offensichtlich ist, dass die Befragten aus den neuen Bundesländern eine durchweg größere Bekanntheit und angesehene Relevanz / Nutzung von Verordnungen und Förderprogrammen angeben.
- Es wurde deutlich, dass der Anteil der Befragten aus den neuen Bundesländern, die die benannte Verordnung kennen oder auch als relevant ansehen bzw. ein Förderprogramm kennen bzw. auch nutzen / genutzt haben, gegenüber denen aus den alten Bundesländern entweder größer oder gleich groß ausfällt.
- Dies kann allerdings auch in einem tendenziell stärkeren Overreporting aber auch in einer größeren Sensibilisierung und größerem Interesse der Befragten begründet sein.
- Der Rating-Mittelwert zur Frage der Bedeutung des EUM liegt bei den Vertretern aus den alten Bundesländern bei 3,13 (n=431), bei denen aus den neuen Bundesländern bei 3,22 (n=72), während der o. g. Rating-Mittelwert für alle Befragten bei 3,14 liegt.
- Allerdings wird auch offensichtlich, dass die Befragten aus den neuen Bundesländern gegenüber denen aus den alten eher Politik, Verbände und Kammern in der Schlüsselrolle für die Förderung von EUM in Unternehmen sehen als sich selbst.
- Ebenso fordern sie mehr als die Befragten aus den alten Bundesländern von diesen Institutionen mehr Unterstützung. Die Rolle und Unterstützung der Energieversorger wird dabei eher geringer eingeschätzt.
- Bei den Anforderungen an den Ratgeber ist lediglich eine deutlich größere Zustimmung zur Forderung nach einem „Aufzeigen erster Schritte“ zu erkennen sowie bei der Forderung, dass der Ratgeber kostenlos und direkt verfügbar sein sollte.
- Befragte aus den neuen Bundesländern möchten also mehr als die aus den alten Bundesländern Ratgeber zu EUM erhalten, die kostenlos und leicht verfügbar sind sowie erste Schritte vermitteln.

Korrelationen mit dem Energieverbrauch

Weiter wurde untersucht, ob Unternehmen mit einem größeren Energieverbrauch ein entsprechend zu erwartendes anderes Antwortverhalten zeigen, als Unternehmen mit geringerem Energienverbrauch.

- Erstaunlicherweise konnte kein signifikanter Einfluss auf jegliche andere erhobene Variable festgestellt werden, entgegen der Erwartung.
- Die Gründe hierfür können in der geringen Fallzahl der geeigneten Antworten liegen, der Unsicherheit und Ungenauigkeit der Angaben der Befragten aber auch in der Dominanz anderer Einflussgrößen auf das EUM-Vehalten der Unternehmen (Betriebszweck, die betrieblichen Prozesse und die Wirtschaftlichkeit beim Energieverbrauch).
- Das Kriterium „Energieverbrauch" ist somit kein allein bestimmender Faktor für das EUM-Verhalten von Unternehmen.

Weitere Analysen über Einflüsse und Zusammenhänge zwischen den erfragten Variablen ergaben allerdings ebenso keine weiteren signifikanten Ergebnisse.

Teil III – Wertungen und Empfehlungen

7 Wertungen zum Energie- und Umweltmanagement im Mittelstand

In den vorangegangenen Kapiteln wurden Hintergründe, Ziele, Konzepte und Instrumente aus Wissenschaft und Praxis, Verordnungen, Rechtsnormen und Fördermittel, Trends und Ratgeber zum Energie- und Umweltmanagement zusammengetragen, systematisiert und bewertet. Es sollten die Fragen beantwortet werden: Welche Entwicklungen, insbesondere gesetzliche Vorschriften und Initiativen zwingen die Unternehmen, aktiv zu werden? Wer unterstützt und in welcher Form die Unternehmen dabei?

Darüber hinaus wurden eine ergänzende Expertenbefragung sowie eine Befragung bei 508 Unternehmen durchgeführt. Ziel der Erhebung war es, zu ermitteln, was die Unternehmen von den gesetzlichen Vorgaben sowie Hilfen und Unterstützungen wissen und nutzen. Zudem wurden tatsächlicher Einsatz von EUM-Maßnahmen, Pläne dazu, Meinungen, Erwartungen, Probleme, Forderungen und auch Anforderungen an Ratgeber erhoben.

Diese Analysen haben eine große Vielfalt und Zahl von Erkenntnissen hervorgebracht, die in den jeweiligen Kapiteln als Kernaussagen und bewertende Fazits zusammengefasst wurden. Auch wurden die Ergebnisse der Unternehmensbefragung im Kapitel 6.3 vollständig zusammengefasst.

Es ist daher an dieser Stelle wenig sinnvoll, alle Ergebnisse nochmals ausführlich aufzuführen. Vielmehr soll hier eine zusammenfassende Wertung vorgenommen werden, die auf den bisherigen Erkenntnissen der Kapitel zuvor basiert.

Später schließen sich dann Konsequenzen für die Gestaltung von Ratgebern zu Energie- und Umweltmanagement an, die sich an kleine und mittlere Unternehmen richten. Denn diese sollen die Unternehmen nicht nur motivieren und ihnen im Detail helfen, sondern primär in die Thematik Energie- und Umweltmanagement hineinführen – so zumindest ist es der Wille der befragten Unternehmen.

Zu Handlungsdruck und Bereitschaft eines Energie- und Umweltmanagements in KMU

Energieeffizienz und Klima- bzw. Umweltschutz erreichen – gefördert durch die Politik sowie die – wenn auch stark schwankenden – aber dennoch langfristig steigenden Energiepreise – eine große Bedeutung auch für mittelständische Unternehmen.

Steigende Energiepreise, kritische und umweltbewusste Verbraucher sowie neue Rechtsnormen und Verordnungen mit wachsenden Haftungsrisiken zwingen die Unternehmen, sich mit Energie- und Umweltmanagement auseinander zu setzen. Kosteneinsparungen und gesetzliche Vorgaben sind die wichtigsten Gründe für die Implementierung von Energieeffizienzmaßnahmen oder Umweltmanagementsystemen. Energie- und umweltbewusstes Verhalten wird daher in mittelständischen Unternehmen große Priorität – zumindest öffentlich – beigemessen. Das zeigte auch die aktuelle Befragung.

Gleichwohl scheint der betriebswirtschaftliche Druck noch nicht groß genug, damit alle Unternehmen systematisch Maßnahmen ergreifen, so scheinen die Konzepte die Geschäftsführung aber auch die Mitarbeiter nicht zu erreichen. Die möglichen Einsparpotenziale von ca. 20% bei Energie werden noch zu wenig ausgeschöpft.

Zum einen fehlt es an der Bereitschaft, sich auf Energie- und Umweltmanagement einzulassen, zum anderen an Kenntnissen, wie diese einzuführen sind. Und nicht nur hier fehlen Kenntnisse: So erstaunte es schon, dass nur etwa 2/3 der hier befragten Unternehmen überhaupt eine grobe Aussage über ihren Energieverbrauch geben konnten, weniger als ein 1/3 konnte exakte Angaben machen. So wundert es auch nicht, dass die Befragten - wahrscheinlich durch die Befragung sensibilisiert – fast alle in Zukunft den Verbrauch systematisch erfassen wollen.

Es sind zudem nur diejenigen gesetzlichen Vorschriften gut bekannt, die in der aktuellen öffentlichen Diskussion stehen. Es gibt auch viele Unternehmen, die gesetzliche Bestimmungen nicht kennen, obwohl diese für sie heute oder in Zukunft bedeutend sind.

Ein ähnliches Bild zeigt sich bei den Förderprogrammen. Hier fällt auf, dass nur weniger als die Hälfte der Unternehmen, die die einzelnen Programme kennen diese auch tatsächlich nutzen. Branchen, die ohnehin höhere Energiekostenanteile an den Gesamtkosten und auch größere Umweltbelastungen aufweisen, liegen allerdings vorne. Gleichwohl ist insgesamt ein gewaltiger Nachholbedarf vorhanden.

Hohe Kosten durch Investitionen, Personalmangel, behindernde interne Prozesse, kostspielige zusätzliche Beratung, Kennzeichnungen und Anpassungen von Produkten und Prozessen in den Unternehmen sowie fehlender Problemdruck halten diese davon ab, jenseits von einzelnen Maßnahmen sich der Materie systematisch zu nähern. Es bleibt – so zeigt es auch die Untersuchung bei den Unternehmen – bei einzelnen Maßnahmen. Nur unter 1% der deutschen Mittelständler (fremde Studien) nutzt systematische Konzepte, in der aktuellen Studie sind es immerhin schon 2%.

Aber die sehr geringe Zahl derjenigen Befragten in der Untersuchung, die anstelle eines Global Sourcings auf regionale bzw. nationale Lieferanten zurückgreift, zeigt, welche geringe Bedeutung langfristige Ziele zum EUM in den Unternehmen besitzen.

Während das Verhalten von Konkurrenten noch treibende Kräfte zum EUM mobilisieren kann, sind Argumente wie Umwelt- und Klimaschutz nur bedingt und gesellschaftliche Erwartungen überhaupt kein Anlass für die Unternehmen, in Richtung EUM intensiver aktiv zu werden. Es wurde in der Studie deutlich, dass in den Unternehmen das Primat des Geschäftserfolgs über das der gesellschaftlichen Verantwortung (CSR- Corporate Social Responsibilty) dominiert – und dies trotz der doch großen Bedeutung, die die Unternehmen dem EUM beimessen.

Mangelnde finanzielle Ressourcen und fehlendes Know-how sind die wichtigsten Gründe gegen Energie- und Umweltmanagement und Kostenvermeidung bzw. -einsparung die wichtigsten Gründe für EUM in den Unternehmen.

Es sind also die ökonomischen Anreize, die kleine und mittlere Unternehmen zu mehr Aktivitäten und systematischem Vorgehen bewegen können. Die ökonomische Vorteilhaftigkeit von Energie- und Umweltmanagement ist daher ein zentrales Argument, dass es zu kommunizieren gilt. Und die Energie- und Umweltpolitik darf die Wettbewerbsfähigkeit der Unternehmen nicht beeinträchtigen und muss deutliche ökonomische Anreize setzen. In diesem Lichte stößt die Politik z. T. auf starke Kritik bei den Unternehmensverbänden, denn ihr zentrales Argument sind die erwarteten zusätzlichen Belastungen.

Gleichwohl ist dies nur „die halbe Wahrheit“: Gerade Mittelständler sollten u. E. die Wettbewerbsvorteile und Potenziale erkennen, die langfristig aus einem Energie- und Umweltmanagement entstehen:

- Energieeinsparungen bewirken Kostenreduktion genauso wie verringerte CO_2-Emissionen und geringere Produktion von Abfall und sonstigen Schadstoffen. Allein aus diesen Gründen sollten mittelständische Unternehmen auf den Gebieten Energie und Umwelt nicht nur eine Konformitätsstrategie fahren, sondern aktiv gegebene Potenziale erschließen und sich damit frühzeitig als Vorreiter positionieren.
- Gutes Energie- und Umweltmanagement ist ein starkes Marketingargument und Imageelement, um sich in einem Umfeld wachsender klima- und umweltbewusster Kunden zu positionieren.
- Dies gilt auch für die umweltgerechte Gestaltung und Kennzeichnung von Produkten, als Marketingargument bereits heute fast in der jeder Branche üblich.

Energie- und Umweltmanagement ist also nicht nur aus rein gesellschaftlich-moralischen Gründen sondern auch aus handfesten ökonomischen Argumenten heraus sinnvoll und zwingend. Konkrete Probleme / Anlässe – so z. B. ein sich änderndes Kunden- oder Konkurrenzverhalten – überzeugen mittelständische Unternehmen leichter von (systematischen) Energie- und Umweltmaßnahmen. Aber auch der Markt scheint einen starken Einfluss auf das Verhalten der Betriebe zu nehmen.

Eine besondere Erkenntnis zum wachsenden Druck durch steigende Energiepreise sei hier erwähnt. Zurückgehend auf eine Studie von PWC, bewirken steigende Energiepreise ein Rückbesinnung der Unternehmen auf den heimischen Markt, insbesondere in der Leistungserstellung (Produktion, Dienstleistung), da mit den Energiekosten auch die Transportkosten steigen, was internationale Konkurrenten im Inland schwächt und eine Produktion im Inland wieder fördert.

Zu den Konzepten und Instrumenten

In der Praxis und Verwaltung werden Konzepte und Instrumente für betriebliches Energie- und Umweltmanagement angeboten und eingesetzt, die vielfach zertifizierenden Charakter besitzen und Checklistenkataloge zur Analyse und Vorschläge für konkrete Maßnahmen bieten. Ihre Verbreitung ist – wie oben ausgeführt – in KMU noch sehr gering.

Den von der Wissenschaft vorgeschlagenen und in der Praxis verbreiteten Energie- und Umweltmanagementsystemen sind allerdings nur begrenzt für kleine und mittlere Unternehmen tauglich. Die Konzepte aus der Wissenschaft sind u. E. zu abstrakt und formal, die aus der Praxis zu oft von einem Formalisierungsbestreben geleitet und weniger an den tatsächlichen Gegebenheiten der kleinen Unternehmen orientiert.

Kosten und Aufwand stehen daher oft nicht in Relation zum Nutzen der mitunter dann halbherzigen Umsetzung. Daher müssen die Akzeptanz der Konzepte in den Unternehmen und die Honorierung ihrer Umsetzung von außerhalb der Unternehmen dauerhaft nach der Einführung und zudem stärker gefördert werden. Es bedarf also mehr, also nur ein formal optimiertes Konzept. Und es muss in den KMU für die Geschäftsführer zugänglich und verständlich sein, denn diese sind ihn der Mehrheit in den Unternehmen mit EUM befasst.

ISO 14000 und EMAS erscheinen dabei nur für große Unternehmen geeignet, hingegen zeigen sich die Systeme EMAS easy, ÖKOPROFIT und E-costep eher für kleinen und mittlere Unternehmen geeignet.

Zu den Verordnungen und Rechtsnormen

Eine Vielzahl von Gesetzen, Verordnungen und Richtlinien müssen von Unternehmen beachtet werden. Einige wenige wirken sich auch direkt und unmittelbar auf die Performance aus. Es wurde bereits ausgeführt, dass deren Bekanntheit in den Unternehmen primär von der Präsenz in der (wirtschafts-)öffentlichen Diskussion bestimmt ist und weniger durch die Relevanz für die jeweiligen Betriebe (so deutlich sichtbar in der Studie beim Energieeinspargesetz: nur halb so vielen Unternehmen, für die es relevant wäre, ist es auch tatsächlich). Hier besteht ein gewaltiger Aufklärungsbedarf – insbesondere für die kommenden Rechtsverordnungen (z. B. REACH).

Von Wirtschaftsverbänden werden die aus der Klimaschutzpolitik der Bundesregierung und der EU abgeleiteten gesetzlichen Regelungen fast durchweg als nachteilig für die Wettbewerbsfähigkeit der Unternehmen kritisiert. Durch eine ganze Reihe von Verordnungen entstehen zunächst auch zusätzliche Kosten und Haftungsrisiken.

- Eine erhebliche Belastung stellt – auch nach Meinung verschiedener Experten – vor allem die Ökosteuer in ihrer jetzigen Form sowie die Feinstaubverordnung dar, ohne dass ein Nutzen für die Umwelt tatsächlich zu erkennen ist. Allerdings bleibt hier kritisch festzustellen, dass der Markt derzeit wesentlich größeren Einfluss auf die Energiepreise nimmt als die Ökosteuer. Weiterhin wirken sich notwendige Investitionen, die sich aus der Feinstaubverordnung ergeben, zwar kurzfristig negativ aus. Langfristig bewirkt der Austausch von alten Betriebsfahrzeugen gegen neue, effiziente Fahrzeuge aber eine entsprechende Kraftstoff- und damit Kostenersparnis.

- Unternehmen sollten sich ferner im Energie- und Umweltbereich neben einzelnen, im individuellen Kontext relevanten Regelungen vor allem mit dem THEG, dem USchadG, der EnEV, dem EnVKG, das EEG und das KrW-/AbfG beschäftigen. Rechte, Pflichten und Förderangebote aber auch Chancen, die sich aus diesen Regelungen ergeben, sollten genau bekannt sein.
- Das BImSchG und die Varianten der Ökosteuer sollten hingegen allgemein hin bekannt sein und heute überall, wo notwendig, Berücksichtigung finden, so wie es auch bei Verpackungsverordnung (VerpackV), der Abfallrecht und Wasserhaushaltsrecht der Fall sein dürfte. Allerdings hat die aktuelle Untersuchung hier gezeigt, dass das BImSCHG vergleichsweise geringe Bekanntheit erfährt.
- Gerade die Kennzeichnungspflichten werden in Zukunft ausgeweitet und werden jenseits von zusätzlichen Kosten der Zertifizierung auch Chancen im Marketing als Differenzierungsargumente mit sich bringen.
- In Folge der Ökodesign-Richtlinie bzw. das EBPG sowie REACH werden u. a. zukünftig neue Produktstandards zu Anpassungskosten auftreten und bisher genutzte Grundstoffe vom Markt verschwinden und ersetzt werden müssen. Unternehmen sollten sich daher frühzeitig darauf vorbereiten.
- U. E. werden derzeit die Risiken der Umwelthaftungsrichtlinien noch zu sehr unterschätzt. Hieraus können Belastungen entstehen, die von ahnungslosen Unternehmen aktiv nur schwer vorher zu erkennen und bemessen sind, und u. E. nur mit Versicherungen in Grenzen gehalten werden können.
- Entwicklungen, wie die des Emissionsrechtehandels erscheinen uns dagegen für kleine und mittlere Unternehmen wenig bedeutsam, sofern nicht die Freigrenzen gesenkt und die Zuteilung der Zertifikate kostenpflichtig wird.

Es sollte allerdings auch von Wirtschaftsverbänden wie Unternehmen erkannt werden, dass mit den Rechtsnormen nicht nur Kosten und Risiken verbunden sind, sondern mit deren Erfüllung auch Kostensenkung und Wettbewerbsvorteile in der Marktkommunikation erreicht werden können (s. o.).

Gleichwohl ist die von den Experten wiederholt gestellte Frage berechtigt, ob Verordnungen überhaupt das richtige Instrument zur Förderung energie- und umweltgerechten Verhaltens sind und nicht besser der Markt die Veränderungen erzwingen sollte. Denn Gesetze und Verordnungen erreichen keine intrinsische Motivation zum EUM bei den Unternehmen.

Und zudem ist es wichtig, wenn aus den Verordnungen noch deutlichere ökonomische Anreize für mittelständische Unternehmen ersichtlich werden. Daher ist es wichtig, marktwirtschaftliche Instrumente geschickt mit dem Ordnungsrecht und der Fiskalpolitik in Einklang zu bringen. Energieeffizienz und Umweltschutz in Unternehmen müssen stärker öffentlich und wirtschaftlich honoriert werden. Und hier findet sich auch ein Chance für die Regierung, mit geschickten Vorgaben die innovative und umweltorientierte deutsche Wirtschaft international in eine bessere Wettbewerbsposition zu bringen – natürlich im Einklang mit den umweltpolitischen Zielen.

Zu Sinn und Unsinn von Förderprogrammen

Die vielfältigen Bemühungen von Europäischen Union, der Bundesregierung und ihrer Ministerien sowie anderer Institutionen zur Förderung der Energieeffizienz und umweltgerechtem Verhalten haben eine große Fülle vor Förderprogramme beschert. Der Staat, Verbände, Kammern, Wirtschaftsförderungen aber auch Energieversorger, Banken und Versicherungen bieten vielfältige Unterstützung beim Energie- und Umweltmaßnahmen an, so viel, dass das Angebot für Unternehmen bereits unübersichtlich geworden ist. Bekannt sind – laut der aktuellen Befragung – primär die Programme der KFW, allerdings werden die Programme nur von 40% derjenigen auch genutzt, die diese Programme kennen. Es werden diejenigen Programme bevorzugt, die Zuschüsse statt Darlehen bieten.

Und das erscheint auch sinnvoll: Die Unternehmen sollten aus der Masse der Angebote primär diejenigen Förderungen heraussuchen, die Zuschüsse gewähren, so z. B. die Beratungsförderung von BAFA und KfW sowie die Programme zur Förderung effizienter Kälteanlagen, Mini-KWK-Anlagen und zur Nutzung Erneuerbarer Energien sinnvoll und geeignet. Förderprogramme, die lediglich zinsgünstige Darlehen bieten, sind u. E. weniger interessant für mittelständische Unternehmer. Ähnliche Konditionen erhalten die KMU zumeist auch bereits durch die Hausbank.

Ein weiteres wichtiges Kriterium der Auswahl ist der notwendige Beantragungsaufwand, der möglichst so gering ausfallen sollte, dass hierzu keine externen Berater notwendig werden. Die Konzeptionisten von Anträgen sollten vielmehr das Ideal des „1h-Antrages" im Auge haben.

Darüber hinaus sind als Anforderungen zu stellen...

- finanzielle Entlastung bzw. Anreize bei der Umsetzung von Energieeffizienz- und Umweltschutzmaßnahmen.
- kompetente Beratung bzw. Know-how-Transfer zum Programm und über das Programm.
- geringer zeitlicher und personeller Aufwand bei der Beantragung, der Reporting und bei der Umsetzungsverwaltung.
- Förderung auch der organisationalen und sozialen Aufgaben bei der Initiierung und Implementierung von Energie- und Umweltmanagement.

Auch hier gilt, dass im Prinzip die Unternehmen und Mitarbeiter Energie- und Umweltmanagement intrinsisch motiviert angehen müssen, aus Überzeugung und ggf. einer Förderung, die sichtbare ökonomische Anreize für die mittelständischen Unternehmen mitbringen. Es bedarf also noch deutlicherer wirtschaftlicher Anreize für und stärkerer Überzeugung in den Unternehmen. Gleichwohl sollten Mittelständler sich bei der Implementierung von Energieeffizienzmaßnahmen und Umweltmanagementsystemen nicht zu sehr am kurzfristigen Kosten-Nutzen-Verhältnis orientieren, sondern vorausschauend den – auch betriebswirtschaftlichen – Nutzen für die Zukunft erkennen.

Anmerkungen zu EUM-Ratgebern

Mehr noch als Förderprogramme werden den Unternehmen vielfältige Ratgeber zum Energie- und Umweltmanagement angeboten. Ihr Nutzen muss im individuellen Fall bewertet werden.

Allerdings fehlten trotz des umfangreichen Angebotes an Ratgebern auch Beratungsangebote, die den sozialen und unternehmenskulturellen Prozess bei der Umsetzung von Energieeffizienzmaßnahmen und Umweltschutzbemühungen ausreichend berücksichtigen. Einzig gutes Beispiel, das versucht, diesem Anspruch über eine persönliche Initialansprache gerecht zu werden, ist das RKW Energieeffizienz-Botschafter-Modell.

Darüber hinaus konnten einige Schwächen erkannt werden:

- Die gebotenen Ratgeber sind i. d. R. recht spezifisch, sehr abstrakt und informieren nur über einen Ausschnitt oder eine Teilfrage zum Energie- und Umweltmanagement.
- Die meisten Ratgeber decken nur ein Teilgebiet (z. B. Managementsysteme, Fördergelder etc.) ab.
- Es fehlt ein „Einstiegsratgeber", der den gesamten Themenkomplex einführend, ganzheitlich und praxisnah abdeckt und beleuchtet.
- Die Ratgeber schaffen es nicht immer, den Unternehmer vom individuellen Nutzen eines EUM zu überzeugen.
- Nur selten wird der großen Heterogenität des Mittelstandes Rechnung getragen.

Bedarf besteht dagegen eher für einen „Einstiegsratgeber" für kleine und mittlere Unternehmen, der das komplexe Thema zunächst ganzheitlich und einführend behandelt sowie die Unternehmer praxisnah führt – so die aktuelle Studie. Die Befragte gaben in großer Zahl zudem an, dass die Ratgeber die Unternehmen nicht mehr von der Sinnhaftigkeit von EUM überzeugen müssen, sie sehen sich selbst als treibende Kraft für ein systematisches EUM, auch wenn Sie von Verbänden, Kammern und Politik mehr Unterstützung fordern.

Die Realität in den Unternehmen vermittelt allerdings – wie die obigen Ausführungen an vielen Stellen zeigen – ein etwas anderes Bild. Es erscheint sehr wohl sinnvoll, zu fordern:

- Ein EUM-Ratgeber muss überzeugen können: D. h. er muss die vorhandenen Nutzen, Vorteile und Chancen von Energie- und Umweltmanagement glaubhaft und sofort sichtbar aufzeigen. Glaubhaft bedeutet hier, dass die Argumentation nicht zu euphemistisch ausfallen darf.
- Er muss Vorbehalte und Bedenken gegenüber Energie- und Umweltmanagement abbauen. Bedenken müssen antizipiert und eine Antwort darauf gegeben werden.
- Der Ratgeber muss den wirtschaftlichen Nutzen herausstellen, den EUM mit sich bringt.

- Der Ratgeber muss insbesondere die Akzeptanz der vorhandenen formalisierten EUM-Konzepte fördern.
- Er muss Energie- und Umweltmanagement greifbar machen, zeigen, was sich dahinter praktisch verbirgt und sagen, worauf es ankommt. Beispiele können dies unterstützen.
- Der Ratgeber muss die Unternehmen führen. Er muss Orientierung geben, indem er qualifiziert auf wichtige und unwichtige Rechtsnormen, EUM-Konzepte, Förderungen und weitere Ratgeber und Ansprechpartner verweist.
- Der Ratgeber muss konkrete Handlungsmaßnahmen oder entsprechende Tools benennen.
- Er kann natürlich nur einen ersten Schritt auf Energie- und Umweltmanagement darstellen und den Leser die ersten eigenen Schritte vorgeben. Diese „First Steps" müssen daher leicht verständlich sein. Der Ratgeber muss kompakt sein und den Leser schnell und intuitiv zu den für ihn wichtigen Informationen führen.
- Der Ratgeber muss dem Leser zeigen, worauf er achten soll und was er übergehen kann.

Im Einzelnen gehören somit folgende Elemente in einen guten EUM-Ratgeber für kleine und mittlere Unternehmen…:

- Warum EUM? Gute Gründe für einen Unternehmer.
- Chancen und Risiken von EUM.
- Was sind die ersten Schritte und welche Gesetze, welche Ratgeber, welche Förderungen sind wichtig, was und welche nicht?
- Erste Regeln im Förder- und Ratgeber-Dschungel.
- First Steps: Welche Schritte zuerst angegangen werden sollten.
- Further Help: Wer weiter helfen kann.

Auf dieser Basis sollten Ratgeber für kleine und mittlere Unternehmen entworfen werden.

Anmerkungen zu Beratungen zu EUM

Für eine Beratung sollte am besten auf die IHKs, die Umweltzentren der Handwerkskammern zurückgegriffen werden. Weniger geeignet – so auch die Einschätzung einiger Experten – sind Bank- oder Steuerberater, allein aufgrund der dort typischen Denkweisen und fachbezogenen Prioritäten. Auch die Wirtschaftsverbände stellen eher nicht die erste Anlaufstelle dar. Energie und Umwelt werden hier zwar größtenteils thematisiert. Meist geht es dabei jedoch um die Gestaltung der wirtschaftspolitischen Rahmenbedingungen und entsprechende Lobbyarbeit. Eigene Beratungs- oder Qualifizierungsangebote, wie sie z. T. angeboten werden, sollten u. E. stärker in den Vordergrund rücken.

Insgesamt erscheint es u. E. – wie auch von einigen Experten geäußert – wichtig, Förder- und Beratungsangebote aktiv in die Unternehmen zu tragen. Das alleinige Bewerben der vorhandenen Angebote reicht häufig nicht aus. Die Schlüsselfigur im Unternehmen – i. d. R. der Geschäftsführer – muss persönlich vom Nutzen der Maßnahmen überzeugt werden. Ebenso müssen die Qualität der Beratungen kontrolliert und auch die Mitarbeiter in die Planung einbezogen werden.

Zur Rolle der Energieversorger

Die Energieversorgungsunternehmen in Deutschland werden in der engeren Diskussion zum Energie- und Umweltmanagement in Unternehmen kaum beachtet. Ganz anders allerdings ist ihre Prominenz in der öffentlichen Diskussion über Energiepreise und Umweltbelastung durch die Energieerzeugung. Hier wird ihnen erhebliche Kritik als rein gewinnorientierte Strategen entgegen gebracht. Zwar bieten Energieversorger größtenteils den Unternehmen einige Unterstützung bei Energieeffizienzmaßnahmen an. Die Verantwortung für die weitere Förderung energieeffizienten Verhaltens in den Betrieben sehen sie in der Mehrheit gleichwohl bei der Politik. Hieraus bietet sich aber dem einzelnen Energieversorger eine besondere Chance, sich gegenüber den Konkurrenten zu differenzieren und den Zugang zum Mittelstand zu verbessern: Eine authentische Positionierung als helfender und glaubwürdiger Partner des Mittelstands bei der Umsetzung von Energieeffizienz- und Umweltschutzmaßnahmen.

Eine abschließende Zusammenfassung der Wertungen…

- Es herrscht ein wachsender Druck auch auf die kleinen und mittleren Unternehmen, sich mit Energie- und Umweltmanagement zu befassen.
- Die Unternehmen zeigen sich daher auch – zumindest öffentlich – sensibel und bereit. Die Realität sieht allerdings anders aus.
- Gleichwohl ist der Anteil der Mittelständler in Deutschland, die systematisch Energie- und Umweltmanagement betreiben, verschwindend gering. Es bleibt bei Einzelmaßnahmen.
- Dabei gibt es eine Reihe von unternehmerischen Gründen, die nicht nur in Kosteneinsparungen, sondern auch im Marketing zu finden sind. Davon müssen die Unternehmen erst einmal überzeugt werden.
- Es sind aber nicht intrinsische Motive sondern vielmehr Energiekosten, Verbraucherverhalten, Gesetze und daraus folgender Haftung, die diesen Druck ausmachen.
- Die angebotenen komplexen und kostenintensiven EUM-Konzepte sind bis auf wenige auch kaum geeignet, gerade kleine Unternehmen zur dauerhaften Umsetzung zu bewegen. Vielmehr geraten anfänglich umgesetzte Konzepte schnell in Vergessenheit.
- Auch Gesetze können die notwendige intrinsische Motivation nicht bewirken. Vielmehr sind es sich aus den Gesetzen ergebenden Chancen zur Kosteneinsparung und im Marketing, die treiben können.
- Letztendlich wird der Markt dauerhaften Antrieb zum EUM geben, nicht Verordnungen.
- Dies gilt auch für die vielen, kaum mehr zu überschauenden Förderprogramme, unter denen u. E. nur die sinnvoll sind, die auch einen deutlichen ökonomischen Anreiz wie einen Zuschuss bieten. Zudem darf deren Beantragung keine Kompetenz-, Kosten und Zeithürde für die Unternehmen darstellen.
- Der angebotenen großen Zahl von Beratungen und Ratgebern fehlt – jenseits der gezielten Einbindung der Mitarbeiter in die Planungen und Umsetzungen im Unternehmen – insbesondere eines: Ein neutraler, leichter, verständlicher, weiterführender und letztendlicher Einstieg, z. B. als Ratgeber, der auch noch überzeugt.
- An dieser Stelle bietet sich den Energieversorgern die Chance, Vorbehalten und Kritik entgegen zu treten und einen verbesserten Zugang zu Mittelstand zu erhalten wie auch sich von Konkurrenten zu differenzieren: Durch eine kundenorientierte und glaubwürdige Unterstützung der Unternehmen beim Einstieg in einem systematisches Energie- und Umweltmanagement.

Literatur und Internetquellen

- Alber, Michael et al. (2008): Jahresmittelstandsbericht 2008: Wachstumsimpulse setzen – Reformerfolge nicht verspielen! Berlin: Arbeitsgemeinschaft Mittelstand.
- Bardt, Hubertus (2007): Steigerung der Energieeffizienz – Ein Beitrag für mehr Umweltschutz und Wirtschaftlichkeit. IW-Positionen Nr. 30. Köln: Deutscher Instituts-Verlag.
- Bayer, Wolfgang et al. (2006): Energie in Deutschland. Presseexemplar. Wiesbaden: Statistisches Bundesamt.
- Becke, Guido (2000): Mitarbeiterbeteiligung im betrieblichen Umweltmanagement. In: Lutz, U./Döttinger, K./Roth, K. (Hrsg.): Betriebliches Umweltmanagement. Grundlagen - Methoden - Praxisbeispiele; Sektion 02 Strategisches Umweltmanagement, Teil 5. Heidelberg, Berlin, New York: Springer Verlag LoseblattSysteme, 1-23.
- Bräuninger, Michael et al. (2005): Strategie 2030 – Energierohstoffe. Hamburg: Berenberg Bank / Hamburger Weltwirtschaftsinstitut.
- Brüggemann, Anke (2005): KfW-Befragung zu den Hemmnissen und Erfolgsfaktoren von Energieeffizienz in Unternehmen. Frankfurt am Main: KfW Bankengruppe, Volkswirtschaftliche Abteilung.
- Bundesministerium für Umwelt, Naturschutz und Reaktorsicherheit (BMU) (2008a): Bundesumweltminister Gabriel gibt Startschuss für 400-Millionen-Programm zum Klimaschutz. Pressemitteilung Nr. 139/08 vom 19.06.2008. Online: http://www.bmu.de/pressemitteilungen/aktuelle_pressemitteilungen/pm/41830.php
- Bundesministerium für Umwelt, Naturschutz und Reaktorsicherheit (BMU) (2008b): Förderung von Klimaschutzmassnahmen an gewerblichen Kälteanlagen. Faltblatt des BMU. Stand Juni 2008.
- Bundesministerium für Umwelt, Naturschutz und Reaktorsicherheit (BMU) (2008c): Klimaschutz-Impulsprogramm zur Förderung von Mini-KWK-Anlagen. Faltblatt des BMU. Stand Juni 2008.
- Bundesministerium für Wirtschaft und Technologie (BMWi) (2008): Glos wirbt für mehr Energieeffizienz beim Mittelstand. Pressemitteilung vom 16.01.2008. Berlin: BMWi.

- Bundesregierung (2007a): Eckpunkte für ein integriertes Energie- und Klimaprogramm. Arbeitspapier der Kabinettsklausur in Meseberg am 24./25.08.2007. Online: http://www.bmwi.de/BMWi/Redaktion/PDF/E/eckpunkt-fuer-ein-integriertes-energie-und-klimaprogramm,property=pdf,bereich=bmwi,sprache=de,rwb=true.pdf
- Bundesregierung (2007b): Bericht zur Umsetzung der in der Kabinettsklausur am 23./24.08.2007 in Meseberg beschlossenen Eckpunkte für ein Integriertes Energie- und Klimaprogramm. Stand 05.12.2007. Online: http://www.bundesregierung.de/Content/DE/Artikel/2007/12/Anlagen/2007-12-05-integriertes-energie-und-klimaprogramm,property=publicationFile.pdf
- Bundesumweltministerium/Umweltbundesamt (Hrsg.) (2000): Umweltmanagementsysteme – Fortschritt oder heiße Luft? Frankfurt am Main: Frankfurter Allgemeine Zeitung Verlagsbereich Buch.
- Bundesverband der Selbständigen e.V. (BDS) (2008): BDS-Standpunkte – Umwelt / Energie. Online: http://www.bds-dgv.de/wDeutsch/standpunkte/umwelt-energiepolitik.shtml
- Commerzbank AG (2008): Klimaschutz – Chancen und Herausforderungen für den Mittelstand. Die Studie 1/2008 der Unternehmer Perspektiven. Online: https://www.unternehmerperspektiven.de/de/studie/klimaschutz/files/2008_04_28_up_studie_5_final.pdf
- Deutsche Energie-Agentur GmbH (dena) (2008a): Umfrage zur Energieeffizienz in Industrie und produzierendem Gewerbe – Unternehmen haben großes Interesse an Energieeffizienz. Presseinformation vom 25. März 2008. Online: http://www.industrie-energieeffizienz.de/fileadmin/InitiativeEnergieEffizienz/referenzprojekte/downloads/08-03-20-PM_Umfrage_KMU.pdf
- Deutsche Energie-Agentur GmbH (dena) (2008b): Repräsentative Umfrage: Energieeffizienz in Unternehmen. Hintergrundinformation. Online: http://www.industrie-energieeffizienz.de/fileadmin/InitiativeEnergieEffizienz/referenzprojekte/downloads/Hintergundinfo_PM_080320.pdf
- Deutscher Industrie- und Handelskammertag (DIHK) (2007): Stellungnahme des DIHK zum Grünbuch „Marktwirtschaftliche Instrumente für

umweltpolitische und damit verbundene politische Ziel". 19. Juli 2007. Berlin: DIHK.

- Ecoconseil Enterprise SCRL (2005): Ecomapping. Online: http://www.ecomapping.com/docs/Ecomapping%20V2.0/ecomapping-de-v2.pdf
- Energieportal (2008): Von Kiel bis Konstanz: Fördermittel von den Energieversorgern vor Ort. Online: http://www.das-energieportal.de/finanzierung/energieversorger/
- Freimann, Jürgen (2001): Vom betrieblichen Umweltmanagement zur nachhaltigen Unternehmensführung. In: Lutz, U., Döttinger, K., Roth, K. (Hrsg.): Loseblattsammlung, Umweltmanagement, Grundlagen-Methoden-Praxisbeispiele, 19. Folgelieferung, Sektion 04.03., Teil 10 2001, 1-17
- Freimann, Jürgen (2003): Vollzugsdefizite im betrieblichen Umweltmanagement – Versuch einer Erklärung. In: H.-U. Zabel (Hrsg.) (2003): Theoretische Grundlagen und Ansätze einer Umweltwirtschaft. Halle.
- Hennicke, Peter et al. (1998): Interdisziplinäre Analyse der erfolgreichen Umsetzung von Energieeffizienzmaßnahmen in Industrie, Dienstleistung und Gewerbe. Endbericht – Kurzfassung. Wuppertal et al.
- Heymann, Eric (2007): Aktuelle Themen 388 - Klimawandel und Branchen: Manche mögen's heiß! 4. Juni 2007. Deutsche Bank Research. Frankfurt am Main. Online: www.dbresearch.de
- Hüwels, Hermann (2007): Das neue Umweltschadensgesetz. Brüssel: DIHK. Online: http://www.ihk-schleswig-holstein.de/produktmarken/innovation/anhaengsel/dihk_papier_umweltschadensgesetz.pdf
- Institut der deutschen Wirtschaft Köln (2008a): iwd – Informationsdienst des Instituts der deutschen Wirtschaft Köln, Nr. 22 vom 29. Mai 2008. Köln: Deutscher Instituts-Verlag.
- Institut der deutschen Wirtschaft Köln (2008b): iwd – Informationsdienst des Instituts der deutschen Wirtschaft Köln, Nr. 30 vom 24. Juli 2008. Köln: Deutscher Instituts-Verlag.
- Institut für Mittelstandsforschung Bonn (IfM) (2008): BDI-Mittelstandspanel – Ergebnisse der Online-Mittelstandsbefragung Frühjahr 2008. Online: http://www.ifm-bonn.org/assets/documents/BDI-Mittelstandspanel-Fj2008.pdf

- Jochem, Eberhard/Bradke, Harald (2005): Entwicklung der Energieeffizienz in Industrie und Gewerbe. In: KfW Bankengruppe (Hrsg.) (2005): Energie effizient nutzen: Klima schützen, Kosten senken, Wettbewerbsfähigkeit steigern. Frankfurt am Main: KfW Bankengruppe, Abteilung Volkswirtschaft.
- Kahlenborn, Walter/Freier, Iris (2006): Hintergrundpapier zur Studie: „Umweltmanagementansätze in Deutschland". Online: http://www.ums-fuer-kmu.de/upload/Downloads/Hintergrundpapier_final.pdf
- Kemfert, Claudia (2004): Die ökonomischen Kosten des Klimawandels. In: Wochenbericht des DIW Berlin 71 (2004), 42, S. 615 – 622. Berlin: DIW.
- Kieser, Dietmar (2008): Energiekrise stärkt Produktion im Inland. In: Industrieanzeiger, Ausgabe 31/2008, S. 6.
- Kornhardt, Ullrich (2003): Auswirkungen der Ökologischen Steuerreform auf das Handwerk nach der fünften Stufe. Göttinger Handwerkswirtschaftliche Arbeitshefte Nr. 53. Göttingen: Deutsches Handwerksinstitut.
- Kornhardt, Ullrich (2006): Energiekosten im Handwerk. Göttinger Handwerkswirtschaftliche Arbeitshefte Nr. 57. Göttingen: Deutsches Handwerksinstitut.
- Lang, Claus et al. (2004): Konzepte zur Einführung und Anwendung von Umweltcontrollinginstrumenten in Unternehmen. Endbericht des Forschungsprojektes INTUS. Berlin / Stuttgart: Institut für Arbeitswissenschaft und Technologiemanagement der Universität Stuttgart / Institut für ökologische Wirtschaftsforschung gGmbH.
- Mahren, Gabriel (2008): Klimaschutz und Mittelstand. In: GewerbeReport, Ausgabe 02/2008, 44. Jahrgang. Neunkirchen: GewerbeReport Verlagsgemeinschaft.
- McKinsey & Co. (2007): Kosten und Potenziale der Vermeidung von Treibhausgasemissionen in Deutschland. Sektorperspektive Industrie. Online: http://www.mckinsey.com/clientservice/ccsi/pdf/Sektorbericht_Industrie.pdf
- Meyer, Jörn-Axel, Hansen, Peter (1999): Handbuch der Förderprogramme für kleine und mittlere Unternehmen, München: Vahlen.
- Ministerium für Wirtschaft, Mittelstand und Energie NRW (MWME NRW) (2008a): Über 70 Prozent der Energieversorger in NRW fördern ihre Kunden beim Klimaschutz. Pressemitteilung vom 19.03.2008. Düsseldorf: MWME NRW.

- Ministerium für Wirtschaft, Mittelstand und Energie NRW (MWME NRW) (2008b): Zahl der Energieberatungen in Unternehmen steigt deutlich - Ministerin Thoben: Energieeffizienz ist das Gebot der Stunde - Mittelständler sollten Beratungsangebote noch stärker nutzen. Pressemitteilung vom 21.07.2008. Düsseldorf: MWME NRW.
- Müller-Christ, Georg (2001): Umweltmanagement. München: Vahlen.
- Perspektive Mittelstand (2008): Umfrage: Energieeffizienz im Mittelstand ein großes Thema. News vom 28.05.2008. Online: http://www.perspektive-mittelstand.de/Umfrage-Energieeffizienz-im-Mittelstand-ein-grosses-Thema/management-wissen/1905.html
- Potsdam-Institut für Klimafolgenforschung (PIK) (2008): Sieben Kernaussagen zum Klimawandel. Online: http://www.pik-potsdam.de/infothek/sieben-kernaussagen-zum-klimawandel
- Prösler, Martin et al. (2008): Umweltinformationen für Produkte und Dienstleistungen. Anforderungen – Instrumente – Beispiele. Berlin/Dessau-Roßlau: BMU/BDI/Umweltbundesamt.
- PricewaterhouseCoopers (PWC) (2008): PWC-Studie: Energieversorger setzen langfristig auf Nuklearenergie. Pressemitteilung vom 02. Juli 2008. Online: http://www.pwc.com/extweb/ncpressrelease.nsf/docid/8546D3ED28BC513F8025747A004F8CA9
- SPIEGEL (2008): Preisfrust – Fast jeder Zweite will Energieversorger wechseln. 21. Oktober 2007. Online: http://www.spiegel.de/wirtschaft/0,1518,512669,00.html
- Umweltbundesamt (UBA) (2002): Ökosteuer – sparen oder zahlen? Berlin: Umweltbundesamt. Online: http://www.umweltdaten.de/publikationen/fpdf-l/2206.pdf
- Werder, Axel von/Nestler, Anke (1998): Organisation des Umweltschutzes im Mittelstand: Konzeption – Praxiserfahrungen – Gestaltungsempfehlungen. Wiesbaden: Gabler.
- WELT (2007): Strom und Gas – E.on-Chef beschimpft den Staat als Preistreiber. 16. Oktober 2007. Online: http://www.welt.de/wirtschaft/article1270031/E_on_Chef_beschimpft_den_Staat_als_Preistreiber.html
- Wirtschaftsförderungsamt der Landeshauptstadt Düsseldorf (2008): Nachhaltiges Ressourcenmanagement – Angebote und Aktivitäten in der Wirtschaftsregion Düsseldorf. Stand: 04/08. Düsseldorf. Online:

https://www.duesseldorf.de/wirtschaftsfoerderung/pdf/nachhaltiges_ressourcenmanagement.pdf

- Verivox (2008): Stromversorger im Preis-Leistungs-Test – Die 200 wichtigsten Stromanbieter. Stand 01.07.2008. Online: http://www.verivox.de/presse/media/stromstudie08-verivox.pdf
- Zentralverband des Deutschen Handwerks (ZDH) (2006): Wirtschaftlichkeit, Versorgungssicherheit, Zukunftsfähigkeit – Energiepolitische Kernforderungen des Handwerks. Abteilung Wirtschafts- und Umweltpolitik, 31.02.2006. Berlin: ZDH.

Anhang 1: Auswertung eines Selbstchecks zum Energie- und Umweltmanagement

	Maßnahmenkatalog	Arbeitsblätter	Beispiel-Arbeitsblätter	Anleitungen
Umweltpolitik	Von der Geschäftsleitung muss eine Umweltpolitik verabschiedet werden. (AB 1-1)	1-1 Umweltpolitik	1-1 Beispiel	1. Umweltpolitik
Umweltdaten		2-1 Verbrauchsdaten	2-1 Beispiel	2. Umweltdaten
	Der CO2-Ausstoß des Brennstoffverbrauchs sowie die Mengen der angefallenen Abfallarten und des Abwassers müssen erfasst werden. (AB 2-2)	2-2 Abfälle+Emissionen	2-2 Beispiel	
	Die verbrauchten Lösemittelmengen müssen ermittelt werden. (AB 2-1)			
	Die Umweltdaten müssen anhand betriebsspezifischer Kennzahlen aufbereitet werden. (AB 2-1, Diagramme)			
Rechtssicherheit		3-1 Selbstauskunft	3-1 Beispiel	
		3-2 Umweltrechtskataster	3-2 Beispiel	3. Rechtssicherheit
	Stellen Sie sicher, dass Sie Informationen über die Änderungen der rechtlichen Vorschriften erhalten und diese umsetzen.			
		3-3 Prüfpflichten	3-3 Beispiel	
		3-4 Gefahrstoffkataster	3-4 Beispiel	
Schulung	Die für neue Mitarbeiter relevanten Einweisungsthemen des Umwelt- und Arbeitsschutzes müssen festgelegt und umgesetzt werden. (AB 4-1)	4-1 Einarbeitungsplan	4-1 Beispiel	4. Schulung
		4-2 Unterweisungen	4-2 Beispiel	
		4-3 Mitarbeiterinfo	4-3 Beispiel	
Organisation	Erstellen Sie eine Übersicht, in der Sie die umweltrelevanten Aufgaben den dafür verantwortlichen Mitarbeitern zuordnen. (Ab 5-1)	5-1 Wer macht was	5-1 Beispiel	5. Organisation
Maßnahmen	Legen Sie jährlich mindestens ein Ziel zur Verbesserung der Umweltleistung fest. (AB 6-1)	6-1 Maßnahmen	6-1 Beispiel	6. Maßnahmen
	Legen Sie jährlich mindestens eine Maßnahme zur Erreichung des Ziels fest. (AB 6-1)			
Ext. Kommunikation		7-1 Umweltbericht	7-1 Beispiel	7. Ext. Kommunikation
	Erstellen und veröffentlichen Sie eine Übersicht Ihrer Umweltdaten (AB 7-1)			
	Erstellen und veröffentlichen Sie eine Übersicht der geplanten Maßnahmen zur Verbesserung der Umweltleistung. (AB 7-1)			
	Stellen Sie sicher, dass Kundenanforderungen ermittelt und umgesetzt werden.			
	Ermitteln Sie die Zufriedenheit Ihrer Kunden. (AB 7-2)	7-2 Kundenzufriedenheit	7-2 Beispiel	
	Stellen Sie sicher, dass Beschwerden und Anregungen systematisch bearbeitet werden. (AB 7-3)	7-3 Reklamation	7-3 Beispiel	
	Stellen Sie sicher, dass Informationen über die Produktentstehung und Umwelteigenschaften vorliegen. (AB 7-4)	7-4 Produktqualität	7-4 Beispiel	

Auswertung des UM-Systems des Unternehmens

	Ja	zum Teil	Nein	nicht relevant	erreichte Bewertung in %
1 Umweltpolitik	1	1	0	0	[illegible]
2 Umweltdaten	1	2	1	0	[illegible]
3 Rechtssicherheit	6	1	0	0	[illegible]
4 Schulung	2	1	0	0	[illegible]
5 Organisation	2	1	0	0	[illegible]
6 Maßnahmen	1	2	0	0	[illegible]
7 Ext. Kommunikation	1	0	2	0	33

Erreichte Bewertung in %	[illegible]

(Erstellt mit dem QuB-Software-Tool erhältlich online unter : http://www.qub-info.de/files/QuB-Tool_070213.exe)

Anhang 2: Beispiele für konkrete Energieeffizienz- und Umweltschutzmaßnahmen in der Produktion

(Quelle: QuB-Software-Tool – Maßnahmenbeispiele für produzierende Unternehmen; Online: http://www.qub-info.de/files/QuB-Tool_070213.exe)

Thema	Maßnahmen
Abfall	Es empfiehlt sich, aus Kostengründen ein betriebliches Abfallkonzept speziell für Ihren Betrieb zu erstellen. Lassen Sie sich hierzu ggf. von kompetenter Seite beraten. Eine erste Orientierung bieten folgende Maßnahmen: ▪ Systematisch prüfen, wo Abfälle vermieden werden können (Bsp. Betrachtung der Fehlchargen, Prüfung der Einsatzstoffe, Optimierung der Prozesse, innerbetriebliche Verwertung und Kreislaufführung) ▪ Aufbau eines Sammelsystems zur sortenreinen Erfassung von Abfällen und Auswahl eines geeigneten Entsorgers (möglichst Entsorgungsfachbetrieb) ▪ Sammelbehälter dezentral aufstellen ▪ Nutzung von Abfallbörsen ▪ Aufbau eines Rücknahmesystems für gebrauchte Produkte ▪ Verwendung von Kunststoffen bei Verpackungen vermeiden; wenn nicht vermeidbar, dann PE-Folien bevorzugen ▪ Generell Einkomponentensysteme für Verpackung bevorzugen sowie Verpackung minimieren ▪ Transportgüter statt mit Kunststoff- mit Metallbändern oder Papierbanderolen schützen ▪ Einsparung von Verbrauchsmaterialien durch Optimierung beim Einkauf, z.B. die Abmessung beim Standardpapier einer Druckerei von 63X88 um 1 cm auf 63X87 cm verringern ▪ Umstellung auf Mehrwegsysteme bei Verbrauchsmaterialien, z.B. Farben, Arbeitskleidung, etc. ▪ Einmalgefäße oder –geräte durch Geräte aus Kunststoffe oder Glas ersetzen ▪ Ausgebrannte Neonröhren und Energiesparlampen gehören auf Sondermüll ▪ Transportverpackungen dem Lieferanten wieder mitgeben

Thema	Maßnahmen
	■ Abgabe ausrangierter Arbeitsmaterialien, z.B. Textilien, zur Wiederverwertung ■ Umwelterträgliche und recyclingfähige Artikel verwenden und auch auf die Recyclingfähigkeit der eigenen Produkte Einfluss nehmen, z.B. durch Schraub- anstelle Klebverbindungen ■ Aufladbare Batterien / Akkus verwenden
Energie	■ Prozesstemperaturen wenn immer möglich senken, z.B. Verdampfungstemperaturen oder durch Abdeckung beheizter Bäder ■ Einbau von entsprechenden Öl- oder Luftkühlern zur Nutzung der Kompressorenabwärme für die Beziehung von Brauch- oder Heizungswasser ■ Schadstoffabsaugung direkt an der Quelle, Einsatz von Vorrichtungen (Einhausung, Luftlenkung, Düsenplatten), die die Abluftmengen minimieren. ■ Wärmerückgewinnung aus der Abluft und Vorwärmung der Frischluft ■ Nutzung der Abwärme von Druckluftkompressoren, Gleichrichtern, Kältemaschinen usw. ■ Einsatz hocheffizienter (Kennzeichung durch „eff 1" auf dem Typenschild) und drehzahlgeregelter Motoren ■ Anpassung der Betriebsparameter (z.B. Luftdruck, Luftwechselraten, Raum- und Prozesstemperaturen) an die jeweiligen Anforderungen ■ Gute Dämmung aller Wärme- und Kälte-führenden Leitungen und Anlagen ■ Gute Dämmung der Betriebs- und besonders der Bürogebäude ■ Einführung eines Stromlastmanagementsystems ■ Ausnutzen des Tageslichteinfalls, z.B. Neu- und Umbaumaßnahmen, um auf Beleuchtung zu verzichten ■ Einbau von Zeitschaltuhren, Bewegungssensoren sowie Verwendung von Lichtsensoren wenn immer möglich ■ Bereichsweise Schaltung von Beleuchtungsanlagen ■ Ortung von Leckagen im Druckluft-Leitungsnetz (z.B. mittels Pfeifgeräuschen, Lecksuchspray, Ultraschall) ■ Achten Sie auf ein gutes Leitungsnetz (Rohre mit ausreichendem und gleich bleibendem Querschnitt, geringer Innenrauigkeit, weite Bögen statt Knie- und T-Stücken)

Thema	Maßnahmen
	■ Nutzen Sie die Kompressorenabwärme ■ Wenn immer möglich Abluftwärme, z.B. aus Verbrennung, nutzen ■ Absaugungen an Maschinen, z.B. an Hobeln oder Lackierstationen, mit Maschinenbetrieb koppeln, damit Absaugung nicht ohne Gebrauch läuft ■ Sukzessiver Ersatz maroder Fenster durch energiesparende Fenster ■ Im Winter: Stoßlüftung anstatt Dauerlüften mit gekippten Fenstern ■ Heizkörper freistellen: z.B. vorstehende Tische entfernen ■ automatische Temperaturregelung (z.B. Heizkörperthermostat oder Raumfühler) installieren ■ Einsatz CO_2-armer Energieträger (Wärmepumpe, Holzpellets, Solarenergie, Geothermie ggf. auch Erdgas) ■ Heizanlage mit hohem Wirkungsgrad (Brennwertkessel) und mit niedrigem Abgasverlust einsetzen ■ Hydraulischer Abgleich des Heizungssystems ■ Einbau hocheffizienter Umwälzpumpen ■ Energieverbrauch systematisch erfassen und auswerten, z.B. mit regelmäßiger Kontrolle der Energieverbrauchsstellen ■ Raumbeheizung zeitweise (z.B. nachts) absenken
Wasser	■ Aufbau verschiedener Wassernetze: Prozesswasser, Kühlwasserkreislauf, Sanitärwasser ■ Wasserleitungsdruck optimieren ■ Wiedereinsatz von gebrauchtem Wasser mit definiertem Verschmutzungsgrad z.B. zur Fahrzeugwäsche klären (Kreislaufanlagen) ■ Wiedereinsatz von sonstigen Gebrauchsmaterialien klären, z.B. Waschlauge zur Vorreinigung aus Frischlauge von „richtiger" Reinigung ■ Installation zusätzlicher Wasserzähler zur Eigenkontrolle ■ Wenn immer möglich den Wasserdurchfluss reduzieren ■ Wenn immer möglich Wasser niedriger Qualität verwenden (z.B. für WC-Spülung) ■ Reinigungs- und Waschmittel nicht überdosieren, Waschmittel auf Wasserhärte abstimmen

Thema	Maßnahmen
	■ Keine Bleiche in Waschmitteln oder Desinfektionsmitteln auf Chlorbasis einsetzen ■ Einsatz umweltverträglicher Reinigungs- und -hilfsmittel ■ Umweltfreundliche Spülmaschine und Waschmaschine einsetzen (Wasser-, Energie- und Reinigungsmitteleinsatz ist bei diesen optimiert) ■ Abwasserfreie Gestaltung von Kfz-Werkstätten, Einsatz von Nassbodenreinigungsgeräten ■ Einbau/Betrieb von Abwasservorbehandlungsanlagen (z.B. Fett- bzw. Ölabscheider, Neutralisationsanlagen, Ausgleichsbehälter) ■ Ordnungsgemäße Lagerung von wassergefährdenden Stoffen (z.B. Benzin/Diesel, Heizöl, Altöl, Säuren, Laugen) ■ Reststoffe (z.B. Farbe, Lösungsmittel, Altöl) als Abfall ordnungsgemäß entsorgen
Einkauf	■ Lieferantenauswahl hinsichtlich Mehrwegverpackungen und wiederverwendbarer Materialien ■ Reduzierung des Betriebsmittelverbrauchs und Auswahl umweltfreundlicher Betriebsmittel ■ Chemikalien-Freigabe-Formular für den Einkauf, um die Chemikalienmenge und -vielfalt Vor-Ort zu begrenzen ■ Beim Kauf neuer Anlagen, Transportmittel oder Geräte auf lärmarme Ausführung achten ■ Zulieferer als Partner gewinnen, Einhaltung von Mindestumweltstandards bei Zulieferern erreichen ■ durch Einkauf von Produkten und Dienstleistungen Einfluss auf Stoff- und Materialflüsse nehmen ■ Generell bei Beschaffung auf Langlebigkeit und Recyclingfähigkeit der Produkte (z.B. Büromöbel, Maschinen) achten ■ Beschaffung von Papier- und Pappwaren aus Recyclingpapier ■ Vorgabe des Drucks auf Recyclingpapier von z.B. Werbe-, und Informationsschriften ■ Anschaffung von Kopierern, Druckern nur mit Möglichkeit zur Verwendung von Recyclingpapier ■ Kopiergeräte und Drucker mit der Funktion von zweiseitigem Druck

Thema	Maßnahmen
	▪ Beim Einkauf auf Blauen Engel achten, z.B. bei Anschaffung von Laserdrucken und Kopierern mit Blauem Engel (Ozonemissionen von maximal 0,04 mg) ▪ Kauf von elektronischen Geräten mit Power-Save Funktion sowie mit Verwendungsmöglichkeit von wiederaufladbaren Akku oder quecksilber- und cadmiumfreien Lithium-Batterien ▪ Reduzierung des Betriebsmittelverbrauchs und Auswahl umweltfreundlicher Betriebsmittel ▪ Wenn möglich auf regionale Produkte sowie ökologischen Landbau zurückgreifen
Emissionen	▪ Prozesse genau beleuchten und Überschneidungen herausfinden und nutzen, z.B. freiwerdende CO_2 zur Neutralisation von basischen Abwässern nutzen oder einen Erdaushub aus Umbauarbeiten zur Errichtung eines Lärmschutzwalls benutzen ▪ Lärmpegel in der Produktion minimieren, z.B. durch Verzicht auf unnötiges Laufen-lassen von Motoren, Verwendung von lärmarmen Geräten und Einbau von Schalldämpfern, Zentralisierung von Absaugventilatoren oder Verlagerung in einen schallisolierten Anbau ▪ Verwenden Sie lösemittelarme Lacke, z.B. Wasserlacke ▪ Stoffundurchlässige Flächen bei der Nutzung von umweltgefährlichen Stoffen, über die gesetzlichen Vorgaben hinaus ▪ mindestens gesetzliches Rückhaltevermögen für das Volumen wassergefährdender Flüssigkeiten ▪ Wechsel der Primärenergie bei Antriebsaggregaten, z.B. Elektromotor statt Verbrennungsmotor ▪ Altglas und andere Abfälle in lärmgeminderten Containern sammeln ▪ auf schadstoffarme Motoren beim Fuhrpark achten ▪ Bei Diesel-Pkw auf Dieselrussfilter achten ▪ Verkehr wo es geht vermeiden, z.B. durch Botengänge zu Fuß oder mit dem Fahrrad ▪ Kunden im Hinblick auf Anreise mit öffentlichen Verkehrsmitteln beraten, z.B. mit Fahrplaninformationen im Schriftverkehr oder auf der Homepage ▪ Mitarbeiterverkehr durch Jobtickets o.ä. minimieren

Thema	Maßnahmen
Sonstiges	■ Einbeziehung der Mitarbeiter und der Nachbarschaft ■ Schulungen zu umweltfreundlichem Verhalten durchführen, die Auswirkungen von entgegen gesetztem Verhalten aufzeigen, z.B. Anhand des neuen betrieblichen Abfallkonzepts ■ jährlich eingesparte Mengen den Mitarbeiter aufzeigen, um ihre Motivation zu erhöhen und die Kreativität zu fördern ■ Aktivitäten mit Vorbildcharakter zum Nachahmen bekanntmachen ■ Standortverbesserung durch Bäume, Rasengittersteine auf dem Parkplatz, Teiche, etc. ■ Heimische Gewächse bzw. Gehölze pflanzen ■ Anbindung an Fahrradwege zu Gebäuden ■ Motivation durch Mitarbeiteraktionen, wie Ideenwettbewerbe, Auszeichnungen, Arbeitskreise, etc. steigern ■ Bei Um- und Neubauten sowie Neuanschaffungen von Inneinrichtung auf Umweltverträglichkeit achten ■ Nichtraucherbereiche einführen ■ Verzicht auf chemische Holzschutzmittel in Innenräumen ■ Staubsauger mit Feinstaubfilter verwenden ■ Puffer an den Türen anbringen ■ Staubsauger mit Feinstaubfilter verwenden ■ Altglas und andere Abfälle in lärmgeminderten Containern sammeln ■ Möglichkeiten der Dach- und Fassadenbegrünung prüfen und ggf. umsetzen

Anhang 3: Fragebogen Unternehmensbefragung

Befragung: Energie- und Umweltverhalten im Mittelstand

Interviewer: Bitte mit Namen des Institutes, eigenen Namen und Funktion vorstellen. Hintergrund der Studie und Vertraulichkeitszusage nennen. Dauer der Befragung unter 20 Minuten, 15 Minuten anzustreben.

Gesprächspartner		
	Geschäftsführer	☐
	Assistent der Geschäftsführung	☐
	Produktionsleiter oder vergleichbar	☐
	Umweltbeauftragter	☐
Energieverbrauch	<100.000 kWh/Jahr	☐
	>100.000 kWh/Jahr	☐
genaue Angabe	____________________	(optional)
Branche	____________________	
Bundesland	____________________	

1. Energieeffizienz und Umweltschutz sind für unser Unternehmen ...

sehr wichtig	wichtig	von durch-schnittlicher Bedeutung	weniger wichtig	unwichtig
4	3	2	1	0
☐	☐	☐	☐	☐

2. Wie stark beeinflussen die folgenden Faktoren Ihr Energie- und Umweltverhalten?

	sehr stark	stark	merklich	fast nicht	gar nicht
	4	3	2	1	0
gesetzliche Vorgaben	☐	☐	☐	☐	☐
Kosteneinsparungen	☐	☐	☐	☐	☐
gesellschaftliche Erwartungen	☐	☐	☐	☐	☐
Umwelt- und Klimaschutz	☐	☐	☐	☐	☐
Sonstiges ____________________	☐	☐	☐	☐	☐

3. Wie stark hemmen die folgenden Faktoren die Umsetzung von Energieeffizienz- und Umweltschutzmaßnahmen in Ihrem Unternehmen?

	sehr stark 4	stark 3	merklich 2	fast nicht 1	gar nicht 0
mangelnde Mitarbeiterakzeptanz	☐	☐	☐	☐	☐
finanzieller Aufwand	☐	☐	☐	☐	☐
Personalmangel	☐	☐	☐	☐	☐
fehlendes Know-how	☐	☐	☐	☐	☐
Sonstiges ________________	☐	☐	☐	☐	☐

4. Energie- und Umweltmanagement sind in unserem Unternehmen angesiedelt bei ...

der Geschäftsleitung	☐
einer Stabstelle	☐
den Abteilungsleitern	☐
jedem einzelnen Mitarbeiter	☐
Sonstiges	__________

5. Die folgenden Energie- und Umweltmanagementmaßnahmen werden von uns ...

	umgesetzt	**geplant**
Vermeidung unnötiger Abfälle (z. B. Verpackungen)	☐	☐
Müllsortierung	☐	☐
Nutzung von Abwärme	☐	☐
Nutzung besonders energieeffizienter Maschinen/Motoren/Elektrogeräte	☐	☐
Systematische Energieverbrauchserfassung und -auswertung	☐	☐
Wiedereinsatz von Brauchwasser z. B. für WC-Spülung	☐	☐
Auswahl von Geschäftspartnern aufgrund deren EUM	☐	☐
Regionale/nationale Beschaffung statt Global Sourcing	☐	☐
Videokonferenzen statt Geschäftsreisen	☐	☐
Öffentliche Verkehrsmittel statt Firmenwagen	☐	☐
Regelmäßige Mitarbeiterschulungen zu EUM	☐	☐
Systematisches EUM (z.B. EMAS, ISO, ÖKOPROFIT etc.)	☐	☐
Sonstiges __________________________	☐	☐

6. Welche der folgenden gesetzlichen Regelungen und Verordnungen sind Ihnen bekannt? Welche haben Relevanz für Ihr Unternehmen?

	be-kannt	rele-vant
Bundes-Immissionsschutz-Gesetz (BImSchG)	☐	☐
Treibhausgas-Emissionshandelsgesetz (TEHG), Zuteilungsgesetz 2012 (ZuG 2012)	☐	☐
Öko-Steuer (ökologische Steuerreform)	☐	☐
Feinstaubverordnung und Umweltzonen	☐	☐
Umweltschadensgesetz (USchadG), Umwelthaftungsgesetz (UmweltHG)	☐	☐
Energieeinspargesetz (EnEG), -verordnung (EnEV)	☐	☐
Energieverbrauchskennzeichnungsgesetz (EnVKG), -verordnung (EnVKV), Verordnung zu Energieverbrauchshöchstwerte von Geräten (EnVHV)	☐	☐
Wasserhaushaltsgesetz	☐	☐
Eneuerbare-Energien-Gesetz	☐	☐
Elektro- und Elektronikgerätegesetz (ElektroG)	☐	☐
Kreislaufwirtschafts- und Abfallgesetz (KrW-/AbfG)	☐	☐
Verpackungsverordnung (VerpackV)	☐	☐
Ökodesign-Richtlinie / Energieb.-Produkte-Gesetz (EBPG)	☐	☐
REACH (Registration, Evaluation, Authorisation and Restriction of Chemicals)	☐	☐
Sonstiges ______________________	☐	☐

7. Welche der folgenden Förderangebote sind Ihnen bekannt oder haben Sie bereits genutzt?

	be-kannt	ge-nutzt
Umweltunternehmensberatung für KMU (BAFA)	☐	☐
Impulsprogramm gewerbliche Kälteanlagen (BMU/BAFA)	☐	☐
Impulsprogramm zur Förderung von Mini-KWK-Anlagen (BMU/BAFA)	☐	☐
Marktanreizprogramm zur Förderung Erneuerbarer Energien (BMU/BAFA)	☐	☐
KfW-Umweltprogramm	☐	☐
KfW ERP-Energieeffizientprogramm	☐	☐
KfW Umwelt- und Energiesparprogramm	☐	☐
Energieeffizienzberatung (KfW Sonderfonds Energieeffizienz in KMU)	☐	☐
Anderes ______________________	☐	☐

8. Welche Anforderungen stellen Sie an einen Ratgeber zum Energie- und Umweltmanagement?

	zentrale Forderung 4	sehr wichtig 3	wichtig 2	wenig wichtig 1	unwichtig 0
Er muss uns von Energie- und Umweltmanagement überzeugen.	☐	☐	☐	☐	☐
Er muss leicht verständlich und praxisnah sein.	☐	☐	☐	☐	☐
Er muss einen ganzheitlichen aber dennoch kompakten Einstieg in die Thematik ermöglichen.	☐	☐	☐	☐	☐
Er muss konkrete „Erste Schritte“ aufzeigen.	☐	☐	☐	☐	☐
Er muss über relevante Rechtsnormen informieren.	☐	☐	☐	☐	☐
Er muss über Konzepte zum EUM informieren.	☐	☐	☐	☐	☐
Er muss geeignete Förderprogramme benennen.	☐	☐	☐	☐	☐
Er muss auf weitere Ratgeber und Beratungsangebote hinweisen.	☐	☐	☐	☐	☐
Sonstiges ____________	☐	☐	☐	☐	☐

9. Wem kommt Ihrer Meinung nach für das Vorantreiben von Energieeffizienz und Umweltschutz eine Schlüsselrolle zu?

Politik	☐
Unternehmern	☐
Verbände und Kammern	☐
Energieversorgern	☐
Nicht-Regierungsorganisationen (NGOs)	☐
Sonstige	______
	______

10. Von wem erwarten Sie mehr Unterstützung und Beratung bei der Umsetzung eines Energie- und Umweltmanagements?

Politik	☐
Verbände und Kammern	☐
Energieversorgern	☐
Nicht-Regierungsorganisationen (NGOs)	☐
Banken und Wirtschaftsprüfer	☐
Sonstige	______
	______

Interviewer: Bedanken und verabschieden.

Über die Autoren

Univ.-Professor Dr. Jörn-Axel Meyer

Jörn-Axel Meyer ist Wirtschaftsingenieur (Dipl.-Ing.) der Richtung Maschinenbau der TU Berlin. Er promovierte und habilitierte an der Technischen Universität Berlin. Nach der Besetzung von Lehrstühlen in Frankfurt / Oder und Flensburg sowie mehreren Auslandsprofessuren ist er heute wissenschaftlicher Direktor des Deutschen Instituts für kleine und mittlere Unternehmen (DIKMU).

Alexander Tirpitz, M.A.

Alexander Tirpitz ist Sinologe (Schwerpunkte Wirtschaft, Recht und Politik der VR China) und Betriebswirt der Freien Universität Berlin. Nach Tätigkeiten im Pressestab des Bundesverteidigungsministeriums sowie im Marketing eines britischen Mittelständlers in Shanghai ist er heute im DIKMU als Wissenschaftler tätig.

Dr. Dietmar Laß

ist Wirtschaftsingenieur (Dipl.-Ing.) der Technischen Universität Berlin und der Dublin City University. Er promovierte an der Freien Universität Berlin. Heute ist er Bereichsleiter Marketing der GDF Suez Energie Deutschland AG (vormals Electrabel Deutschland AG). Zuvor war er Marketingleiter und Unternehmensberater in mehreren deutschen Unternehmen.